科学出版社“十四五”普通高等教育本科规划教材

现代水文预报：
概论、模型、方法与实践

王金文　孙怀卫　陈　璐　闫宝伟 等　编著

科学出版社
北　京

内 容 简 介

本书系统地论述现代水文预报必须掌握的水文学原理，并结合当前工程实际介绍一些典型的水文模型与方法。本书主要考虑现代水文预报技术的发展，侧重现代水文模型与方法在水文预报中的应用，尤其是对实际水文预报中的建模方法、参数分析及模型实践等内容将进行详细的介绍。本书是按水文模型的基本原理、不同水文模型的特点和水文模型的未来发展等内容编排的，特别地，将展示从实际科研教学经验中归纳的和精心设计的典型水文模型的示例代码与经典习题。

本书可作为高等院校水利类专业的科研教学用书，也可作为水利、水文、地理、土木及相关领域教学、科研、设计与管理人员的参考用书。

图书在版编目（CIP）数据

现代水文预报：概论、模型、方法与实践/王金文等编著.—北京：科学出版社，2023.11

科学出版社“十四五”普通高等教育本科规划教材

ISBN 978-7-03-076880-3

Ⅰ.①现… Ⅱ.①王… Ⅲ.①水文预报-高等学校-教材 Ⅳ.①P338

中国国家版本馆 CIP 数据核字（2023）第 212976 号

责任编辑：何 念 张 湾/责任校对：郑金红

责任印制：彭 超/封面设计：苏 波

科学出版社 出版

北京东黄城根北街 16 号

邮政编码：100717

http://www.sciencep.com

武汉中科兴业印务有限公司印刷

科学出版社发行 各地新华书店经销

*

开本：787×1092 1/16

2023 年 11 月第 一 版 印张：14

2023 年 11 月第一次印刷 字数：332 000

定价：89.00 元

（如有印装质量问题，我社负责调换）

前言

水是人类生活与生产劳动所必需的物质，水资源是生命存在和社会经济发展所依赖的重要资源。随着人类活动影响的加剧和我国经济社会的快速发展，水资源、水环境问题日趋严重，由此对水文、水资源工作的要求也不断提高。作为预先掌握、深度破译水信息的水文科学，如何充分发挥其对防汛抗旱、水资源利用保护、水利事业建设及经济社会发展的积极作用，是当前需要持续思考的重大问题。近年来，随着生态文明的理念深入人心和最严格水资源管理制度的实施，各种涉水事务和社会公众需求服务都对水文方向的技术发展提出了更高的要求。水文预报是对江河、湖泊、水库等水体水文要素实时情况的分析及未来发展情况的预报，涉及防洪、抗旱、水资源综合利用与管理及水生态环境保护等多个领域，是水文工作中重要的组成部分。

尽管水文方向的参考书和文献众多，但目前仍缺少在水文预报中专门面向水文模型课堂教学的资料。经过多年的教学积累，作者尝试对一些基础的概念、水文模型原理和计算思路进行必要的总结与归纳，同时也强化教学设计模型、演算实例和应用场景分析。撰写本书时，作者始终坚持水文学科知识的专业性，纳入水文模型在多专业学科中所需的内容，以符合课程教学要求并满足形势发展的需要。

我国历来重视在防治水害、兴修水利和农业生产中关注并掌握雨水情信息，如汉、唐、宋、明、清各代都明令各地要随时报告雨、洪、旱等情况。长期以来，我国水文工作者在不断实践和探索过程中，积累了丰富的工作经验，逐步形成了一些广泛应用的实用水文预报方法、流域水文模型等。但由于种种原因，我国目前仍然缺乏一些对水文预报中主要模型和方法的关键环节、操作细节等进行介绍的书籍，且能用作高等学校教材的著作也不多，现有的著作对相关概念、模型结构、方法细节等内容的介绍也尚未全面按照高等学校课堂教学要求进行编排，为此有必要对水文预报的一些方法进行较为详细的整理、拓展和延伸，本书将进行相关探索。

本书首先介绍水文预报的理论基础，然后介绍流域降雨产流预报、流域径流过程预报、河段洪水预报等实用洪水预报方法，随后介绍新安江模型、HBV 模型、萨克拉门托模型、水箱模型、陕北模型、TOPMODEL 等一些实用的流域水文模型的结构、计算、参数和演算步骤，最后简要阐述其他水文预报方法。特别指出，本书还从实际科研教学角度精心设计典型水文模型的示例代码和经典习题，作者相信这些内容对提高业内人士对现代水文预报方法的理解具有重要作用。

全书共 18 章，第 1～2 章由孙怀卫、赵娜撰写，第 3 章由陈璐、孙怀卫撰写，第 4～

6 章由孙怀卫撰写，第 7 章由曾小凡、陈璐、孙怀卫撰写，第 8 章由孙怀卫撰写，第 9 章由王金文、孙怀卫撰写，第 10 章由王金文撰写，第 11～13 章由闫宝伟撰写，第 14 章由曾小凡、孙怀卫撰写，第 15 章由孙怀卫撰写，第 16 章由陈璐撰写，第 17 章由孙怀卫撰写，第 18 章由陈璐、孙怀卫撰写，全书由王金文和孙怀卫统稿。此外，研究生贾志伟、赵冰茜、蔺子琪、雷坎、宋亮、骆煦寒、徐紫帆、夏旺、喻丽莉等参与了搜集素材、整理文稿和校对等工作，借此机会向为本书的出版付出辛勤劳动的各位老师、同学表示衷心的感谢。

本书承蒙华中科技大学水利学科（原水电与数字化工程学院）张勇传院士、周建中教授、康玲教授等的大力支持，得到了科学出版社的出版协助，对此深表谢意。本书也得到了华中科技大学教材建设基金、国家自然科学基金项目（51879110、52079055）的资助，在此一并致谢。

对书中的疏漏之处，恳请读者予以指正。

作　者

2023 年 5 月 15 日于武汉

目录

第一篇　水文预报概论

第二篇 水文预报基本方法

第三篇　实用流域水文模型

第一篇

水文预报概论

第 1 章

水文预报与模型

1.1　水文预报的概念

水文学是研究各种形态的水的起源、存在、分布、循环、运动等变化规律，以及运用这些规律为人类服务的知识体系。水文学不仅是地球科学的重要组成部分，而且是水利科学的技术基础。随着时代的发展，水文学研究的组织化、规模化、系统化、数据化程度不断提高，研究和实际工程应用越来越依赖于方法原理的创新、技术手段的更新和系统平台的进步，水文学的日益发展与经济社会的强烈需求紧密结合。

一般认为，中国和古埃及最早开始水文观测并积累了丰富的水文知识。我国在 20 世纪以前为世界水文科学做出了重大贡献。例如，《吕氏春秋》（公元前 239 年左右完成）最早提出了水文循环的朴素思想，为当时的生活、生产提供了重要的水文依据，这标志着水文学的萌芽；欧洲文艺复兴时期（14～17 世纪）带来的科学思想解放与技术进步极大地推动了人类对水的研究，促进了人们对水运动规律的认识、水文理论的逐渐形成和近代水文仪器的发明。由此，水文学由以古代自然哲学为依据的纯粹思辨性猜测逐渐发展成为在科学观测与试验基础上进行假设、演绎和推理的近代自然科学。

水文学从早期“地理水文学”认识和解释自然现象、“工程水文学”为建造工程和治理河流服务等阶段，逐步发展进入水资源水文学、生态水文学等新阶段。在新阶段所面临的主要水文水资源工作中，水文预报（hydrological forecasting）是一项非常重要的工作内容。一般认为，水文预报主要指根据已知的水文信息对未来一定时期内的水情状态做出定性或定量的预测，常用的已知信息包括降水、流量、水位、蒸发、冰情、气温和含沙量等水文气象要素信息，预报的水情状态变量通常为预报流量、水位、冰情和旱情等。为做好水文预报工作，当前的研究重点主要包括共性规律和个性问题的研究，以水文要素的基本规律和水文数学模型研究为基础，结合生产实际进行改进和拓展，最终构成具体的预报方法或预报方案并应用于生产实际。

受我国洪旱灾害频繁、灾害损失惨重等国情的制约，水文预报工作逐渐成为防汛抗旱、水资源开发利用和国防等领域的重要工作，为我国经济社会的发展提供了重要助力。中华人民共和国成立以来，党和政府高度重视此项工作，改变了中华人民共和国成立前防灾减灾手段少、各方面技术相对落后的被动局面，水利工作者全方位地研究、监控、预报和管理洪、涝、渍、旱灾害，从非工程措施角度防治灾害和减轻灾害损失，取得了水文情报预报方面的巨大效益。据《中国水利年鉴 2004》统计，仅 2003 年全国水文情报预报减灾效益就达 180 亿元（《中国水利年鉴》编辑部，2004）。据报道，20 世纪以来全国发生的最严重的 31 次大灾害中，1949 年以前有记录的有 22 次大灾害且其中有 13 次为洪灾。

多年来，水文预报中可用于实际工作和研究探索的技术范围也得到了扩大，包括越来越多地使用天气雷达和卫星观测、引入多媒体预警传播系统及互联网传播预报。地理信息系统（geographic information system，GIS）也越来越多地被用于空间解释。使用新方法传播预测的一个显著例子是国际响应和援助网（Response and Assistance Network，

RANET），该机构结合卫星广播、互联网和移动电话技术向公众传播气象信息，并在非洲、亚洲和其他国家的其他组织与气象局之间传递气象信息。对厄尔尼诺-南方涛动（El Niño and southern oscillation，ENSO）等区域和全球尺度现象的科学理解也有所改善，使得一些地区的长期季节性预测成为一个更现实的命题。近年来，对气候变化和潜在影响的建模也取得了显著进展。

在水文预报中，进行预测的主要目的是协助做出决策，因此，预测系统通常只是一个更广泛的操作框架中的组成部分。预测和预警在干旱灾害的总体风险管理与危机管理过程中起到了至关重要的作用。类似的方法经常用于应对其他类型的自然灾害，包括洪水。自然灾害预警过程中的关键组成部分包括评估风险，通常通过建模、磋商和审查历史事件来评估风险，然后准备应对风险，实施缓解（降低风险的）措施，发布预警，对灾难做出反应，并采取一系列危机管理和恢复措施。

1.2　水文循环与水文模型

地球水圈中的各种液态、固态和气态水体在太阳能与大气运动驱动下，不仅会以蒸散发的形式进入大气圈，也会以降水形式到达地球表面，然后通过地表入渗或地表径流作用流入江、河、湖泊、海洋，还会有一部分通过蒸散发重新逸散到大气圈。这种蒸发、水汽输送、凝结、降落、下渗、地表和地下径流的往复循环过程，一般称为水循环或水文循环。水循环可按规模与过程分为大、小循环。海陆间的水分交换过程称为大循环，在大循环运动中，水分一方面在地面和大气中通过降水与蒸发进行纵向交换，另一方面通过河流在海洋和陆地之间进行横向交换。海洋从空中向陆地输送水汽，陆地则通过河流把水输送到海洋里。局部的水循环则称为小循环。

水循环还可以按照研究尺度不同分为全球水循环、流域水循环和水-土-植物系统水循环三种。其中，全球水循环涉及海洋、大气和陆地之间的相互作用，这也是全球气候变化研究中最为普遍的；流域水循环则是指降落到流域上的雨水，在经历植物截留、填洼和下渗后，形成地表和地下径流，汇入河网，再流至流域出口断面的径流过程；水-土-植物系统水循环则是自然界空间尺度最小的水循环（徐宗学 等，2009）。

对复杂水循环过程进行抽象或概化，可以提出并建立水文模型，由此来模拟水循环过程的主要或大部分特征。水文模型的诞生是对水循环规律研究和认识的必然结果。在建立水文模型的过程中，一般将流域视为一个水文系统，将降水量作为系统输入，将流量（蒸发、壤中流等）作为系统输出，由此可以建立输入和输出的物理关系。开发水文模型可以解决两个问题：①通过模拟水循环过程来了解流域内水文因子变化对水循环过程的影响；②将水文模型应用到水文预报、水资源规划与管理等工作中。随着时代的发展和计算机技术的进步，水文模型在水资源开发利用、防洪减灾、水库规划与设计、道路设计、城市规划、面源污染评价、人类活动的流域响应等诸多方面都得到了广泛的应用，一些热点问题的研究，如生态环境需水、水资源可再生性等均需要水文模型的理论与技术支撑。

1.3 水文模型发展回顾

水文模型是流域、区域或全球水资源评估、洪水预报和气候变化水文响应预测的重要工具。不同时间和空间尺度的水文模型的研究、开发和应用历史可以追溯到19世纪。一般认为，第一代计算洪峰流量的水文模型是爱尔兰的马尔瓦尼（Mulvaney）于1850年建立的推理模型，从20世纪开始水文模型的发展经历了几个具有里程碑意义的阶段。1932年，美国工程师谢尔曼（Sherman）提出了单位线的概念，使水文工作者能计算洪峰流量（推理模型），而且对整个径流过程的模拟有了可能。20世纪50年代，爱尔兰水文学家纳什（Nash）深入分析了瞬时单位线的物理机制，并用数学语言描述了流域汇流过程。20世纪60～70年代，随着对产汇流机制理解的不断深入和计算机的使用，大量的集总式概念性模型被开发和应用于洪水预报、水资源估算。在同一时期，博克斯（Box）和詹金斯（Jenkins）提供了一个可供水文学家选择的另一类模式，即自回归模型、马尔可夫（Markov）模型和其他形式的时间系列随机模型。20世纪80年代，为了满足预测土地利用变化、点面源水污染和无资料流域的水文模拟等需求，并且随着GIS技术的逐步成熟和数字高程模型（digital elevation model，DEM）的应用，水文学家建立了有物理基础的分布式水文模型，并在流域管理和水文预报中取得了广泛应用。水文模型研究的第5个突破点发生在20世纪80年代末和20世纪90年代初，为了更精确地估算大区域和全球的水资源量，预测气候变化的水文响应，改进全球气候模型陆面过程的模拟精度等，大尺度乃至全球尺度水文模型的研发逐渐成为重点方向之一（许崇育 等，2011）。

1.4 水文模型的分类和应用

根据水文模型的结构和参数的物理特性，可将水文模型分为概念性水文模型、分布式水文模型两类。分布式水文模型相比于概念性水文模型更加强调用严格的数学物理方程表述水循环的各种子过程，充分考虑空间参数和变量的变异性，并着重考虑不同单元间的水力联系，因此，分布式水文模型在很多应用中具有明显优势。

按模型特点水文模型也可分为线性水文模型、非线性水文模型。在水文学中，通常参照系统论定义，将满足叠加假定的系统称为线性系统，否则称为非线性系统。与此相似，也可将模型分为时变模型、时不变模型。一般将模型输入输出关系不随时间变化的模型称为时不变模型，时不变模型的特点是输出的大小只取决于输入的大小，而与输入出现的时间无关；反之，则称为时变模型。将水文模型按空间离散程度分为集总式、半分布式及分布式三种。其中，集总式水文模型将整个流域作为一个均匀的单元；半分布式水文模型假设子流域或每一块计算面积都是均匀的；而分布式水文模型则将整个流域按基本单元的面积从上游到下游依次进行产汇流计算。

一般按以下基本步骤进行水文模型的实际应用：①分析问题，确立目标；②资料搜集；③确定计算设备及其计算能力；④分析其他经济和社会约束条件；⑤从一类可能需要的模型中选择一种最恰当的模型；⑥率定模型，优选参数；⑦检验模型并予以评估；⑧模型应用。水文模型逐渐成为水文科学的重要内容和水文科学发展的重要标志。

第2章

水文模型与预报结果评价

2.1　水文模型评价

2.1.1　概述

在水文模型的应用中需要高度重视水文模型的评估工作，具体包括模型选取、模型率定、模型验证、模型评价和模型应用等五个方面的工作。其中，模型率定过程中参数值的估计最受关注。但是，这五个方面都同等重要，忽视任何一个方面都可能导致严重的错误。模型评估的具体流程见图 2.1.1（Singh et al.，2002）。

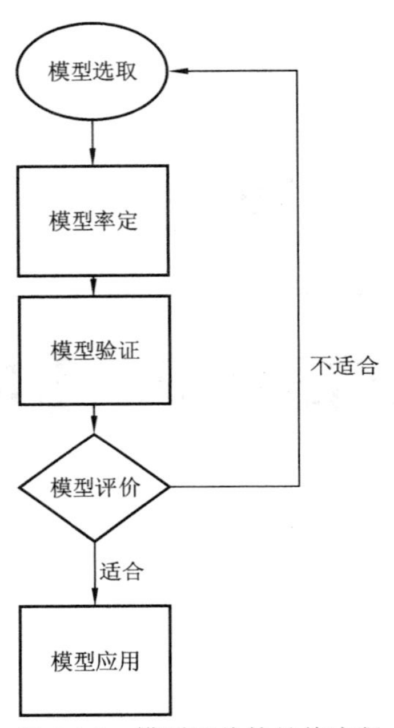

图 2.1.1　模型评估的具体流程

也有专家认为，水文模型的选择中还应更加注重感知模型（perceptual model）、概念模型（conceptual model）、程序模型（procedural model）等模型的运用。水文模拟过程如图 2.1.2 所示（Beven et al.，2012）。

2.1.2　模型选取方法

1. 需要考虑的因素

在遵循模型选取和模型验证、充分利用已有信息等系统化规则的基础上，客观、准确地选取模型可以有效地促进水文工作的顺利进行。通常来讲，在模型选取的过程中需要考虑的因素有：研究问题所包含的水文过程的特点、模型的用途、现有资料的有效性

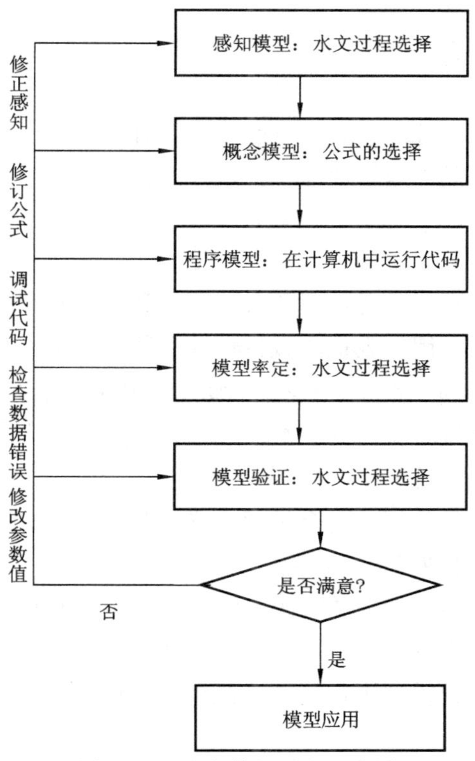

图 2.1.2　水文模拟过程示意图

及根据模型结果所做出的决策（Singh et al.，2002）。我国学者王旭东等（2004）则列出了 7 个关键问题：①模型输出信息是否满足决策需求；②模型的适用区；③模型的当前状态；④模型的数据需求；⑤模型对不同数据源获取信息的能力；⑥模型对用户的要求；⑦采用该模型软件的开销及可获得的技术支持状况来评估模型的适用性。综上，只有全面考虑、综合比较，才能选择出真正适合于研究流域的水文模型，才能使水文模型对提高流域管理现代化水平发挥作用。

2. 模型选取的标准

以上讨论了选取适当的模型通常需要考虑的问题。然而，多数情况下，根据某一特定问题选择最佳模型的完全客观的方法并不存在。道迪（Dawdy）和利克蒂（Lichty）就如何从多个备选模型中选出所需要的模型提出了四个标准（Singh et al.，2002）：①模型预测的精度；②模型的简易性；③参数估计的一致性；④参数的敏感性。

模型选取中还需要综合考虑模型预测精度、模型简易性和参数敏感性等问题。一般而言，在其他因素相同的条件下，应该选择具有较高预测精度的水文模型，而向公众或委托人做出解释时就应该考虑模型的简易性。一个可靠的水文模型，也应该避免过于敏感的模型参数，如果参数最优值对某个特定时期的资料非常敏感，或者在同一流域变化很大，那么这个模型就不可取。

2.1.3 模型率定方法

在水文模型中对模型参数赋值具有重要意义，有必要合理评估未知参数使得模拟径流过程和实测径流过程能最大限度地拟合，这一过程称为模型率定。

1. 模型参数

水文模型包含两类参数：具有物理意义的参数和过程参数。具有物理意义的参数指能够通过直接测量得到的，用来表征流域特性的参数（包括河长、河道坡度、雨量站权重、流域面积、不透水面积的比例等，这类参数一经确定不再修改）；过程参数指不能够通过直接测量得到的表征流域特性的参数（包括自由水库最大容量、蒸散发系数及各种水流的出流系数、消退系数等）。

一般采用参数初估和参数评估两个过程来确定参数。在参数初估阶段，对于具有物理意义的参数，可以通过野外测量和文献资料分析获取；对于过程参数，通过对流域水文特征的判断和理解给出参数的取值范围（最大值和最小值）。在参数评估阶段，可尝试多种方法减小参数初估的不确定性，如在参数取值范围内选取一个初值，然后通过人工或计算机自动调整参数，让模型更适用于该流域（Singh et al.，2002）。

2. 人工率定

通常采用试错法进行调参，这种方法非常依赖人员经验，如一些受过训练、有丰富经验的人员都可以采用人工率定的方法得到很好的率定结果。辅助利用计算机技术也使得人工率定过程的复杂性有所降低，能够更快速地观察和比较调参的结果。

人工率定的最大缺点是缺少普遍公认的及客观的度量准则来确定何时终止率定过程，人工率定包含了大量的主观判断，从而很难评价该率定模型及其模拟和预测的可信度。

3. 自动率定

自动率定方法提出以后，便取得了很大进展。一些学者对自动率定方法进行了大量研究（Singh et al.，2002）。例如，奥唐奈（O’Donnell）等基于罗森布罗克法开发了计算机程序来优化线性水库容量、下渗系数等。需要注意的是，虽然自动率定提高了解决问题的速度，但它还不能够完全取代人工率定，仍离不开人为的判断，且与人工率定紧密相关。

参数率定又称为参数优选。参数自动优化过程就是采用数学算法，通过系统的反复试验改变模型参数值的大小，使得河流特征模拟值和实测值的差别最小。这些反复的试验称为迭代。例如，评价模拟径流和实测径流拟合程度的定量方法是在每个参数迭代之后计算目标函数。整个优化过程结束后，最终将保留使目标函数值达到最小的参数系列，该参数系列称为最优参数系列。典型的参数自动评估过程包括目标函数、优化算法、终止准则和率定数据四部分。

1）目标函数

目标函数用来评价实测过程与模型模拟过程的吻合程度。模型自动率定的目的是“寻找使目标函数值达到最优（最小、最大或适中）的参数值”。不同的目标函数用来评价水文过程的不同特征，目标函数的选择对优选结果至关重要。为了使优选的参数能更好地代表流域水文特征，选择目标函数时一般考虑以下几个方面：①模拟流量过程与实测流量过程保持水量平衡；②模拟与实测流量过程形状基本一致；③洪峰流量、峰现时间较好地吻合。

根据统计回归和模型拟合理论，最常用的目标函数是加权最小二乘法及其各种变形形式：

$$F(\theta)=\sum_{t=1}^{m} w_t[q_t^{\text{obs}}-q_t^{\text{sim}}(\theta)]^2 \tag{2.1.1}$$

式中：q_t^{obs} 为 t 时刻实测流量值；q_t^{sim} 为 t 时刻模拟流量值；θ 为待优选参数；m 为各时刻测得的数据点的个数；w_t 为 t 时刻权重。

若 $w_t=1$，加权最小二乘法简化成简单最小二乘法。如果模型能够精确模拟实测过程，那么目标函数可以达到最小值 0。然而，目标函数是不可能达到 0 的，因此参数率定的目的就是寻找使目标函数值达到最小的参数值。

为了对模拟结果做出正确的评价，将目标函数转化为一些具体的可操作的指标。不同的目标函数之间存在一个平衡约束关系。例如，研究者可能找到一系列能够很好地模拟洪峰流量的参数，但它们却不能很好地模拟小流量，反之亦然。下面介绍几个目标函数。

（1）总体水量误差，其用来评价总体水量是否平衡。

$$F_1(\theta)=\left|\frac{\sum_{t=1}^{N} w_t[q_t^{\text{obs}}-q_t^{\text{sim}}(\theta)]}{\sum_{t=1}^{N} w_t}\right| \tag{2.1.2}$$

式中：N 为流量序列数。

（2）均方根误差，其用来评价实测流量与模拟流量过程线的吻合程度。

$$F_2(\theta)=\left|\frac{\sum_{t=1}^{N} w_t^2[q_t^{\text{obs}}-q_t^{\text{sim}}(\theta)]^2}{\sum_{t=1}^{N} w_t^2}\right|^{1/2} \tag{2.1.3}$$

（3）洪峰流量过程的均方根误差，其用来评价实测流量与模拟流量过程的吻合程度。

$$F_3(\theta)=\frac{1}{M_p}\sum_{j=1}^{M_p}\left|\frac{\sum_{t=1}^{n_j} w_t^2[q_t^{\mathrm{obs}}-q_t^{\mathrm{sim}}(\theta)]^2}{\sum_{t=1}^{n_j} w_t^2}\right|^{1/2} \tag{2.1.4}$$

式中：M_p 为洪峰个数；n_j 为第 j 个洪峰/小流量过程的序列数。

（4）小流量过程的均方根误差，其用来评价实测与模拟的最小流量过程的吻合程度。

$$F_4(\theta)=\frac{1}{M_l}\sum_{j=1}^{M_l}\left|\frac{\sum_{t=1}^{n_j} w_t^2[q_t^{\mathrm{obs}}-q_t^{\mathrm{sim}}(\theta)]^2}{\sum_{t=1}^{n_j} w_t^2}\right|^{1/2} \tag{2.1.5}$$

式中：M_l 为小流量过程数。

式（2.1.4）和式（2.1.5）中的洪峰流量过程以实测流量大于某一给定的流量值来确定，小流量过程以实测流量小于某一给定的流量值来确定。

纳什（Nash）与萨克利夫（Sutcliffe）在 1970 年提出使用模型效率系数（也称确定性系数）来评价模型模拟结果的精度，确定性系数是式（2.1.3）的另一种表现形式，它更直观地体现了实测流量与模拟流量过程拟合程度的好坏，确定性系数的公式如下：

$$R^2=1-\frac{\sum_{t=1}^{N} w_t^2(q_t^{\mathrm{obs}}-q_t^{\mathrm{sim}})^2}{\sum_{t=1}^{N} w_t^2(q_t^{\mathrm{obs}}-\overline{q}^{\mathrm{obs}})^2} \tag{2.1.6}$$

式中：$\overline{q}^{\mathrm{obs}}$ 为实测流量过程的均值。

R^2 越大表示实测流量与模拟流量过程拟合得越好，模拟精度越高，另外还有洪峰合格率、峰现时差等评价指标（Madsen，2000）。

单目标参数往往不能恰当地描述由观测资料所反映出来的各种水文特征。例如，在进行水库入库洪水预报时，人们不仅关心洪峰流量和峰现时差预报的精度，还关注洪峰流量和洪水过程线的预报结果。用单一目标函数优选出来的参数常常无法同时满足上述要求。因此，研究、探讨多目标参数自动优选方法，在理论和实践中均具有重大的现实意义（张洪刚 等，2002）。

当应用多目标参数自动优选方法时，模型率定可由式（2.1.7）描述：

$$\min\{F_1(\theta),F_2(\theta),\cdots,F_p(\theta)\},\quad \theta\in\Theta \tag{2.1.7}$$

式中：Θ 为模型参数解空间，一般根据模型参数的物理意义给出每个参数的取值范围。由式（2.1.7）得出的结果，一般情况下并不是唯一的解，而是包含了所有非支配解优化点的集合，对于集合中的任意参数有以下规律：①对于所有支配解 θ_j，集合中至少存在一个非支配解 θ_i，使得 $F_k(\theta_i)<F_k(\theta_j)\ (k=1,2,\cdots,p)$；②在集合中找不到一组解 θ_j，使得 $F_k(\theta_i)>F_k(\theta_j)\ (k=1,2,\cdots,p)$。

由①可知，模型参数空间可以划分为两种情况，即非支配解与支配解。由②可知，在非支配解集合里没有哪一组参数比其他任何一组参数都好，说明这组参数所反映的水文过程的某些方面的特征比其他参数准确。因此，在利用多目标参数自动优选方法时，关键问题在于如何综合考虑各个目标函数之间的平衡协调关系，如何对各个目标函数进行组合得到一个综合目标函数。式（2.1.8）给出了一个总体目标函数：

$$F(\theta)=\left\{[F_1(\theta)+A_1]^2+[F_2(\theta)+A_2]^2+\cdots+[F_i(\theta)+A_i]^2+\cdots+[F_p(\theta)+A_p]^2\right\}^{1/2} \quad (2.1.8)$$

式中：A_i 为对每一个目标函数给定的一个常数，它用来调整各个目标函数在总体目标函数中的权重。然而，因为各个目标函数在总体目标函数中的权重还取决于函数本身，所以并不能简单地通过给定一个常数就很好地协调各目标函数之间的平衡关系。为了综合评价，研究者对不同的目标函数赋不同的 A_i 值进行参数优选，使得式（2.1.8）中 $F_i(\theta)+A_i$ 项到原点的距离相等，该方法称为距离函数法。A_i 值由式（2.1.9）给出（Madsen，2000；赵人俊，1979）：

$$A_i=\max\{F_{j,\min}, j=1,2,\cdots,p\}-F_{i,\min},\quad i=1,2,\cdots,p \quad (2.1.9)$$

式中：$F_{j,\min}$ 为优选方法得到的原点值。

2）优化算法

对于某一特定流域，当水文模型和目标函数选定后，优化算法的选择对模型参数的最终取值起决定性作用，其一般分为局部寻优法（如罗森布罗克法、单纯形法、模式搜索法等）、全局寻优法[如气流回归坡度（airflow regression slope，ARS）、亚利桑那大学开发的复合进化算法（shuffled complex evolution method developed at the University of Arizona，SCE-UA）]、基因法等。水文模型大多数是非线性的，模型的响应面是多峰的，这些方法用于水文模型时各有优缺点，如局部寻优法对参数初值的要求较高，给定不同的参数初值，往往会得到不同的优选结果，因此采用局部寻优法很难确定优选结果是否为全局最优（Wang，1991）。

目前，在水文模型参数优选中应用最为广泛的方法是基因法、罗森布罗克法、单纯形法和 SCE-UA。下面简单介绍以上四种方法。

（1）基因法。

基因法是一种基于自然基因和自然选择机制的寻优方法，该法按照“优胜劣汰”的法则，将适者生存与自然界基因的变异、繁衍等结合起来，从各参数的若干可能取值中，逐步求得最优值。基因法不是从参数的给定起始点按确定的搜索方向直接对参数值本身寻优，而是随机地从参数的搜索空间中选取 m 个点（m 可取 100），以参数值的二进制码进行操作，从 m 个点中随机地选取 2 个点，并给产生较小目标函数值的点赋予较高的概率，按某一随机方式（有时可加入随机扰动）生成 2 个新点，一直到生成 m 个新点为止。通常，生成的 m 个新点有希望比原有的 m 个点更接近最优值域（谭炳卿，1996）。

（2）罗森布罗克法。

罗森布罗克法由罗森布罗克（Rosenbrock）于 1960 年提出，是一种迭代寻优的方法，它把各搜索方向排成一个正交系统，在完成一个坐标的搜索循环之后进行改善，当所有坐标搜索完毕并求得最小的目标函数值时迭代结束。

设 $\hat{\boldsymbol{S}}_1^{(k)},\hat{\boldsymbol{S}}_2^{(k)},\cdots,\hat{\boldsymbol{S}}_n^{(k)}$ 分别是 n 维欧几里得空间 $\boldsymbol{E}^n$ 中的 n 个单位矢量，k 表示搜索的阶段 $(k=0,1,\cdots)$，$\hat{\boldsymbol{S}}_1^{(k)},\hat{\boldsymbol{S}}_2^{(k)},\cdots,\hat{\boldsymbol{S}}_n^{(k)}$ 表示一组生成的规格化正交方向，$\lambda_1^{(k)},\lambda_2^{(k)},\cdots,\lambda_n^{(k)}$ 分别为 $\hat{\boldsymbol{S}}_1^{(k)},\hat{\boldsymbol{S}}_2^{(k)},\cdots,\hat{\boldsymbol{S}}_n^{(k)}$ 方向的步长。搜索从 $\boldsymbol{X}_0^{(k)}$ 起，沿着序列的第一个坐标方向添加一个扰动 $\lambda_1^{(k)}\hat{\boldsymbol{S}}_1^{(k)}$，若 $f[\boldsymbol{X}_0^{(k)}+\lambda_1^{(k)}\hat{\boldsymbol{S}}_1^{(k)}]$ 的值等于或小于 $f[\boldsymbol{X}_0^{(k)}]$ 的值，这一步就算成功，以试算点代替 $\boldsymbol{X}_0^{(k)}$，$\lambda_1^{(k)}$ 乘上一个因子 α，且 $\alpha>0$，并在搜索方向 $\hat{\boldsymbol{S}}_2^{(k)}$ 做下一次扰动；如 $f[\boldsymbol{X}_0^{(k)}+\lambda_1^{(k)}\hat{\boldsymbol{S}}_1^{(k)}]$ 的值大于 $f[\boldsymbol{X}_0^{(k)}]$ 的值，这一步就算失败，$\boldsymbol{X}_0^{(k)}$ 不用代换，$\lambda_1^{(k)}$ 乘上一个因子 β，且 $\beta<0$，然后在搜索方向做下一次扰动。

当 n 个搜索方向 $\hat{\boldsymbol{S}}_1^{(k)},\hat{\boldsymbol{S}}_2^{(k)},\cdots,\hat{\boldsymbol{S}}_n^{(k)}$ 全部扰动过之后，再在第一个方向 $\hat{\boldsymbol{S}}_1^{(k)}$ 做扰动，扰动的步长等于 $\alpha\lambda_1^{(k)}$ 或 $\beta\lambda_1^{(k)}$，由 $\hat{\boldsymbol{S}}_1^{(k)}$ 方向上最近一次扰动的结果决定。扰动在各搜索方向上依次持续进行，直到在第一方向上遇到失败为止，这时第 k 阶段结束。由于把函数值相等认为是成功的，在每个方向上当 $\lambda_i^{(k)}$ 的乘子将步长缩短时总会达到成功。所得的终点变为下一阶段的起点，即 $\boldsymbol{X}_0^{(k+1)}=\boldsymbol{X}_n^{(k)}$。规格化方向 $\hat{\boldsymbol{S}}_1^{(k-1)}$ 选为与 $\boldsymbol{X}_0^{(k+1)}-\boldsymbol{X}_n^{(k)}$ 平行，其余方向选成互相正交并与 $\hat{\boldsymbol{S}}_1^{(k+1)}$ 正交（谭炳卿，1996）。

（3）单纯形法。

单纯形法由乔治·丹齐格（George Dantzig）于 1947 年提出。其基本思想是根据问题的标准型，从可行域中的一个基本可行解（一个极点）开始，转换到另一个新的基本可行解，并且使目标函数较之前有所改善。经过若干次转换后得到最优解，或者判断出无最优解。内尔德（Nelder）和米德（Mead）针对本方法不能加速搜索，以及在曲谷中或曲脊上进行搜索所遇到的困难，对搜索方法做了若干改进。改进后的方法允许改变单纯形的形状，应用 $\boldsymbol{E}^n$ 中 $n+1$ 个顶点的可变多面体把具有 n 个独立变量的函数极小化。每一个顶点可由一个矢量 $\boldsymbol{X}$ 确定，在 $\boldsymbol{E}^n$ 中产生的 $f(\boldsymbol{X})$ 最高值的顶点，通过其余各顶点的形心连成射线，用更好的点逐次代替 $f(\boldsymbol{X})$ 具有最高值的点，就能找到目标函数改进值，一直到 $f(\boldsymbol{X})$ 的极小值被找到为止（谭炳卿，1996）。

（4）SCE-UA。

SCE-UA 由 Duan 等（1992）提出。本法是一种解决非线性约束最优化问题的有效方法，可以找到全局最优解。SCE-UA 已在概念性水文模型、半分布式水文模型和分布式水文模型中得到广泛应用。

SCE-UA 的基本思路是将确定性复合型搜索技术和自然界中生物竞争进化的原理相结合。SCE-UA 的关键部分为竞争的复合型进化（competitive complex evolution，CCE）算法。在 CCE 算法中，每个复合型的顶点都是潜在的父辈，都有可能参与产生下一代群体的计算。每个子复合型的作用如同一对父辈。随机方式在构建子复合型中的应用，使得在可行域中的搜索更加彻底。用 SCE-UA 求解最小化问题的具体步骤如下：①初始化，假定待优化问题是 n 维问题，选取参与进化的复合型个数 $a(a\geqslant1)$ 和每个复合型所包含的顶点数目 $b(b\geqslant n+1)$，计算样本点数目 $s=a\times b$；②产生样本点，在可行域内随机产生 s 个

样本点 $x_1, x_2, \cdots, x_s$，分别计算每个样本点 x_i 的函数值 $f_i = f(x_i)$，$i = 1, 2, \cdots, s$；③样本点排序，把 s 个样本点 (x_i, f_i) 按函数值升序排列，排序后仍记为 (x_i, f_i)，$i = 1, 2, \cdots, s$，其中 $f_1 \leqslant f_2 \leqslant \cdots \leqslant f_s$，记 $D = \{(x_i, f_i), i = 1, 2, \cdots, s\}$；④划分复合型群体，将 D 划分为 a 个复合型 $A^1, A^2, \cdots, A^a$，每个复合型含有 b 个点，其中

$$A^k = \{(x_j^k, f_j^k) \mid x_j^k = x_{j+b(k-1)}, f_j^k = f_{j+b(k-1)}, j = 1, 2, \cdots, s\}$$

⑤复合型进化，按 CCE 算法分别进化各个复合型；⑥复合型混合，把进化后的每个复合型的所有顶点组合成新的点集，再次按函数值 f_i 升序排列，排序后记为 D，对 D 按目标函数的升序进行排列；⑦收敛性判断，如果满足收敛条件则停止，否则，返回④。

3）终止准则

在搜索最优参数值的迭代过程中需要一个判断何时终止的合理准则，称为终止准则。通常用到以下几条终止准则来结束整个搜索过程（Singh et al.，2002）。

（1）函数收敛。

当满足式（2.1.10）时，即可终止搜索过程。

$$(f'_{i-1} - f'_i) / f'_i \leqslant \varepsilon_f \tag{2.1.10}$$

式中：f'_{i-1} 和 f'_i 分别为第 $i-1$ 次和第 i 次迭代的函数值；ε_f 为函数收敛标准值，如取 $\varepsilon_f = 10^{-3}$。该过程的逻辑为：当算法不能再通过一次或多次迭代使函数值有明显改进时，就终止搜索过程。因此，如果最优的精确判断不是非常重要，函数收敛可以作为一个有用的终止标准。

（2）参数收敛。

当 SCE-UA 不能再通过一次或多次迭代使参数值有明显改进，且同时增加函数值时，就终止搜索过程。对于每一个参数值，当满足式（2.1.11）时，即可终止搜索过程。

$$[\theta(j)_{i-1} - \theta(j)_i] / [\theta(j)_{\max} - \theta(j)_{\min}] \leqslant \varepsilon_\theta \tag{2.1.11}$$

式中：$\theta(j)_{i-1}$ 和 $\theta(j)_i$ 分别为第 $i-1$ 次和第 i 次迭代的第 j 个参数值；ε_θ 为参数收敛标准值，如取 $\varepsilon_\theta = 10^{-3}$；$\theta(j)_{\max}$ 和 $\theta(j)_{\min}$ 分别为参数值允许的上、下限值。

（3）最大迭代次数。

若计算时间有限，为避免 SCE-UA 进入无限循环中，可以使用限定迭代次数的方法，这种方法可以将计算的速度限定在一个数量上，使用起来比较简单，一般情况下能够使程序及时终止。

4）率定数据

毋庸置疑，正确选择率定数据可以有效地减少水文模型率定过程中遇到的困难。然而，人们对“最佳”率定数据由什么组成却知之甚少。这里讨论的是，率定过程中多少数据是必需的、多少数据是充足的，哪些数据会给出最好的分析结果。

（1）数据数量。

通常采用一部分数据率定模型，其余数据用于验证模型。Vandewiele 等（1992）的

研究表明，采用比实际必需的数据序列更长的序列仅能较小限度地提高参数估计效果。从统计的观点来看，采用的数据序列的长度应该至少是参数个数的 20 倍。例如，如果有 10 个参数，那么应该至少有 200 个河流数据点来计算函数值。Gupta 等（1985）的研究表明，参数 θ_j 的标准误差随着样本 m 的增大而降低，可以近似表示成

$$\sigma(\theta_j) \propto \frac{1}{\sqrt{m}} \tag{2.1.12}$$

当 m 达到 500～1 000 时，随着 m 的增大，$1/\sqrt{m}$ 的变化程度很小，表明对于少于 10 个参数的模型来说，只要数据正确，2～3 年的率定数据已经足够（Singh et al.，2002）。

（2）数据质量。

水文数据的质量对模型参数优选的影响远大于所选取数据数量对模型参数优选的影响（Gupta et al.，1985）。一般认为，数据如果能涵盖丰水年、平水年、枯水年，则认为其包含的水文信息较多。在选取数据的同时，还需要考虑测量仪器的系统偏差、数据转化算法的误差、反推入库流量的误差等因素，因此对模型率定数据要慎重选择，需要对数据进行三性（代表性、可靠性、一致性）审查。

2.1.4 模型验证方法

模型验证是继模型率定之后模型评估的第三部分内容。当在一个流域上使用某一模型时，首先要对模型进行率定，求出其最优参数，除此之外，还需要另外一部分资料，用于对模型的检验。模型只有在率定期和检验期都具有较高的精度时才适宜在流域中应用。

1. 模型验证方法的类别

表 2.1.1 给出了概念性水文模型的四种验证方法（Singh et al.，2002）。这四种验证方法中都必须进行模型率定：①简单样本等分法将流域实测时间序列数据分成两部分来进行模型率定、模型验证，之后比较结果；②差异样本等分法根据降雨强度或其他变量进行数据划分，从而在模型验证的条件与模型率定的条件有所差异的情况下，提高模型预测输出变量值的有效性；③代理流域法使用其中一个流域的数据序列进行模型率定，使用另外一个流域的数据序列进行模型验证；④代理流域差异样本等分法根据降雨强度或其他变量将每个流域的实测数据序列分成两部分（如第一个流域干旱条件下的数据序列用于模型率定，第二个流域湿润条件下的数据序列用于模型验证）。

表 2.1.1 水文模型验证的分级结构

流域	固定条件		瞬变条件	
	A 流域	B 流域	A 流域	B 流域
A 流域	简单样本等分法	代理流域法	差异样本等分法	代理流域差异样本等分法
B 流域	代理流域法	简单样本等分法	代理流域差异样本等分法	差异样本等分法

2. 需要验证的内容

1）参数分析

参数率定的过程需要重视参数的合理性分析。参数的灵敏度、独立性或相关性、稳定性和系统稳定性都是分析中非常重要的指标，可考虑参照系统科学方法进行分析。

①一般采用以下方法来研究模型参数的灵敏度：固定其他参数，分别将每个参数在率定值的一定范围内（如±20%）改变，多次运行模型并观察模拟结果和目标函数变化的相对幅度，以此作为各参数的灵敏度。当后者较大幅度地超过前者时，说明该参数过于灵敏，它将在运用中出现大误差；反之，前者相对变幅大，后者基本不变，则表明该参数过于不灵敏，甚至是无效参数。②通过详细分析参数的方差-协方差矩阵检验参数之间的相关性。如果两变量之间的相关系数接近 1 或-1，意味着可以找到一个包含较少变量但具有同样功能的模型。③参数的稳定性是指在一定的迭代次数之后，参数值不随迭代次数的增多而改变的特性。为了回答是否所有参数都具有这种特性，可以假设参数 $a_1, a_2, \cdots$ 不等于 0，然后检验 0 是否属于 95%的置信区间。④系统稳定性试验可采用系统可观测、可控制矩阵测试等方法进行。通过参数灵敏度试验、系统稳定性试验等发现问题后，需要有针对性地进行改进。

2）残差分析

模型验证最基本的问题是明确由率定得到的水文估计值（残差）是否可以接受。残差分析主要是检验残差 u_t 特性是否与模型假设中要求的特性一致，尤其是对残差序列是否符合相依性、是否符合趋势性及同方差性、是否符合正态分布进行检验。

（1）残差序列相依性检验。

通过计算残差序列时间延迟为 kt 的自相关系数 ρ_{kt}，判断残差序列的相依性。ρ_{kt} 的计算公式为

$$\rho_{\mathrm{kt}} = E[(x_t - \mu)(x_{t+\mathrm{kt}} - \mu)] / \sigma^2 \tag{2.1.13}$$

式中：μ 和 σ^2 分别为残差序列的均值和方差；x_t 为长度为 t 的原水文估计值序列；$x_{t+\mathrm{kt}}$ 为滞后 kt 个时间单位的水文估计值序列；E 为期望。ρ_{kt} 的估计值 $\hat{\rho}_{\mathrm{kt}}$ 为

$$\hat{\rho}_{\mathrm{kt}} = \frac{\sum_{t=1}^{m-\mathrm{kt}} x_t x_{t+\mathrm{kt}} - \frac{1}{m-\mathrm{kt}}\left(\sum_{t=1}^{m-\mathrm{kt}} x_t\right)\left(\sum_{t=\mathrm{kt}+1}^{m} x_t\right)}{\left[\sum_{t=1}^{m-\mathrm{kt}} x_t^2 - \frac{1}{m-\mathrm{kt}}\left(\sum_{t=1}^{m-\mathrm{kt}} x_t\right)^2\right]^{1/2}\left[\sum_{t=\mathrm{kt}+1}^{m} x_t^2 - \frac{1}{m-\mathrm{kt}}\left(\sum_{t=\mathrm{kt}+1}^{m} x_t\right)^2\right]^{1/2}} \tag{2.1.14}$$

当 $m > \mathrm{kt}$ 时，$m/(m-\mathrm{kt}) \to 1$，自相关系数的简单估计值 r_{kt} 为

$$r_{\mathrm{kt}}=\frac{\sum_{t=1}^{m-\mathrm{kt}}(x_t-\overline{x})(x_{t+\mathrm{kt}}-\overline{x})}{\sum_{t=1}^{m}(x_t-\overline{x})^2} \tag{2.1.15}$$

式中：$\overline{x}$ 为水文估计值序列的均值；m 为水文估计值序列的总长度；kt 为滞后的时间单位。

对于相互独立的残差序列，自相关系数的置信区间的限值为

$$r_{\mathrm{kt}}(95\%)=\frac{1}{m-\mathrm{kt}}[-1\pm 1.96\sqrt{(m-\mathrm{kt}-1)}] \tag{2.1.16}$$

如果计算的 r_{kt} 不在该限值之内，则拒绝 $\rho_{\mathrm{kt}}=0$（假设 $H_0:\rho_{\mathrm{kt}}=0;H_a:\rho_{\mathrm{kt}}\neq 0$）。

（2）残差序列趋势性及同方差性检验。

残差的同方差性可以通过图解法和克鲁斯卡尔-沃利斯（Kruskal-Wallis）法检验。图解法中，通过判断残差与重要变量如时间 t、输入变量降水量 P_t、蒸发量 E_t、输出结果径流流量 R_t 的关系，进而分析残差的特性。克鲁斯卡尔-沃利斯法检验或 H 检验，是检验来自同一总体的 kk 个独立随机样本的零假设，是非参数检验。该方法假设变量具有连续分布，但并没有要求总体分布形式。H 检验基于以下统计量：

$$H=\frac{12}{m(m+1)}\sum_{i=1}^{\mathrm{kk}}\frac{R_i^2}{n_i}-3(m+1) \tag{2.1.17}$$

式中：R_i 为第 i 个样本的 n_i 个观测值秩的总和，$n_1+n_2+\cdots+n_{\mathrm{kk}}=m$。对于所有的 i，$n_i>5$，且零假设正确的条件下，H 检验统计量的样本分布近似服从自由度为 $\mathrm{kk}-1$ 的卡方分布。对于给定的显著性水平 α'，如果计算得到的 H 大于 $\chi^2_{1-\alpha',\mathrm{kk}-1}$，则拒绝同方差的零假设。

（3）残差序列正态分布检验。

可以采用多种方法进行残差序列的正态分布检验。这里着重介绍科尔莫戈罗夫-斯米尔诺夫（Kolmogorov- Smirnov）非参数检验方法。该方法简单实用，可以在同一幅图上表现大量样本的检验结果，且不受小样本的限值。该方法表述如下：①令 $F(x)$ 是零假设条件下确定的理论累积分布函数；②令 $F^e(x)$ 是基于 m 个观测值的样本累积密度函数，对于任何一个观测值 x，$F^e(x)=\mathrm{kk}/m$，其中 kk 是观测值的数量，kk≤m；③确定最大偏差值 DS，$\mathrm{DS}=\max|F(x)-F^e(x)|$；④在给定显著性水平下，若 DS≥科尔莫戈罗夫-斯米尔诺夫非参数检验方法统计量的临界值，应拒绝假设。

3）模拟和实测径流过程线的比较

通过模拟和实测径流过程线的比较能够很好地考察模型性能。按《水文情报预报规范》（SL 250—2000）（中华人民共和国水利部，2000），取检验期为“2 年”是当前国际通行的下限要求，即应该保证检验期≥2 年。规范中还给出了具体方案的精度指标和等级评判标准，一般在方案的评判中需综合考虑率定期和检验期的评定精度，当出现检验期精度远低于率定期精度时，应增加新资料再行检验，否则只能将方案降级使用。

2.1.5　模型评价评述

1. 模型不确定性评价

水文模型是对水文现象的概化，在概化过程中会存在许多不确定性因素，由此水文模型存在着不确定性的问题。

1）影响因素

一些学者（Kuczera et al.，1998；宋星原 等，1994；Beven et al.，1992）从水文模型率定的资料或信息误差、模型结构、模型参数的优选调试等方面分析和讨论了模型不确定性问题。

（1）资料或信息误差，主要包括以下五部分：①水文信息（如降雨等）空间随机分布特性与数学期望（均值）的代表性问题；②时程随机分布特性均化问题，水文信息的时程变化是连续的，而计算时采样为离散的，会导致时程随机分布特性均化问题，并带来模型计算误差；③水文要素获取中可能存在多方面的误差来源；④不可忽略的一些水文要素至今还缺乏可靠的信息来源；⑤测量仪器自身的测量误差。

（2）模型结构，主要包括以下三部分：①现有模型框架结构仍受到对水文现象和规律理解的制约，较多模型过程与实际水文过程有出入；②水文过程间的复杂联系，并没有被模型中简化的数学物理方程完全表达，如大多数集总式水文模型忽略了流域空间分布面上产汇流的随机性；③当前的一些经典传统模型在进行环境变化（如全球变化、人类活动影响）的模拟时，并没有完全考虑流域产汇流机制的影响。

（3）模型参数的优选调试，主要包括以下两部分：①目标函数选择不同，将导致优选参数结果的不同；②调试系列样本选择不同，优选出的参数也不同。

2）研究方法

由于水文模型不确定性的存在，采用参数自动优化算法得到的一些参数组合却均能使模型的目标函数（如确定性系数等）达到（几乎）相同的水平，即异参同效。异参同效现象的存在会给实际水文预报带来一些问题，如在最终选择一组模型参数最优值时会具有很大的不确定性，最终使得模型输出存在很大的不确定性（李向阳，2005），这也是模型不确定性分析中非常重要的内容。

当前常见的不确定性分析方法包括：贝文（Beven）等提出的通用似然不确定性估计（generalized likelihood uncertainty estimation，GLUE）方法；蒂曼（Thiemann）等提出的贝叶斯递归估计（Bayesian recursive estimation，BaRE）方法；马尔可夫链蒙特卡罗（Markov chain Monte Carlo，MCMC）方法等（李向阳，2005）。

（1）GLUE 方法是基于霍恩伯格（Hornberger）和斯皮尔（Spear）的区域化敏感性分析（regionalized sensitivity analysis，RSA）方法发展起来的，该方法的步骤为：选定似然目标函数，计算模型预报结果与观测值之间的似然函数值；再将这些函数值的归一化结果，作为各参数组合的似然值；从中设定一个临界值，低于该临界值的参数组合的似然值被赋为 0；进行随机抽样，针对某场洪水采用所抽取的样本参数分别进行洪水模拟，便可由模拟结果求出该洪水指定置信度下模型输出的不确定性范围。

（2）BaRE 方法由 Thiemann 等（2001）提出。该方法可以在实际洪水预报过程中同时对水文模型参数和水文预报不确定性进行递归计算，预报结果以概率形式表示。该方法只需要给水文模型参数假定一个初始值，便可以进行递推预报并得到以概率形式表示（或者简化为最大可能值及贝叶斯置信区间）的预报结果。

（3）蒙特卡罗模拟（Monte Carlo simulation）也称为随机模拟、统计试验，其理论基础是概率统计，其基本手段是随机抽样；但该方法需要大量重复抽样，计算量非常大。该方法可以直接处理决策因素的不确定性，将不确定性以概率分布的形式表示。MCMC 方法是与统计物理相关的一类重要随机方法，它涉及的两个基本思想比较简单。第一个基本思想是采用 MCMC 方法估计期望值：

$$E(f)=\sum_{x_1,x_2,\cdots,x_m} f(x_1,x_2,\cdots,x_m)p(x_1,x_2,\cdots,x_m)\approx\frac{1}{T}\sum_{t=1}^{T}f(x_1^t,x_2^t,\cdots,x_m^t) \tag{2.1.18}$$

式中：$E(f)$为期望值；$x_1, x_2, \cdots, x_m$ 为状态序列；$f(x_1, x_2, \cdots, x_m)$为对应状态的函数值；$p(x_1, x_2, \cdots, x_m)$为对应状态的概率密度函数；T 为抽取样本总数；$x_1^t, x_2^t, \cdots, x_m^t$ 为采样点；$f(x_1^t, x_2^t, \cdots, x_m^t)$为采样点对应的函数值。对于较大的 T，根据 $p(x_1,x_2,\cdots,x_m)$ 采样得到 $x_1^t,x_2^t,\cdots,x_m^t$。要从这个分布中采样，就要用到第二个基本思想，即构建一条马尔可夫链，使其极限分布为 $P(x_1,x_2,\cdots,x_m)$，然后对这条马尔可夫链进行模拟并对其极限分布采样。水文水资源领域的专家学者已将 MCMC 方法应用于流域水文模型不确定性问题的研究。

2. 模型适用性评价

现有的流域水文模型模拟流域产汇流过程的方式有两种：①先模拟总径流，然后划分径流成分并进行汇流模拟；②径流成分及其汇流的模拟同时进行，从地面至深层分层进行模拟。前者以新安江模型为代表，后者以水箱模型为代表。不同水文模型的适用范围有所差异。

20 世纪 70 年代初，世界气象组织（World Meteorological Organization，WMO）对流域水文模型进行了一次世界性的对比，其中一些典型流域提供了 8 年资料（6 年资料用于模型率定，2 年资料用于检验对比）。最终的检验对比结果为：在湿润地区的流域内简单模型与复杂模型可以取得同样的效果；但大多数模型都对干旱或半干旱流域表现不佳。

1997 年底，我国举办了全国水文预报技术竞赛，参赛的流域水文模型有 10 个，分别是：新安江模型及其改进模型、姜湾径流模型、双超产流模型、河北雨洪模型、双衰减曲线模型、综合约束线性系统模型、改进的连续前期降雨指数（antecedent precipitation index，API）模型、改进的降雨径流模型、水箱模型和萨克拉门托模型。该竞赛的组织及资料处理情况与 WMO 相似，所使用的精度指标为洪峰流量合格率、峰现时间合格率、确定性系数和洪水总量相对误差，并约定确定性系数达到 0.6 以上或洪水总量相对误差不超过±15%，模型才算基本适用。比赛结果表明：对于同一模型，不同参赛队的验证成果有明显差别；在湿润区，只要能控制住水量平衡，结构简单和结构复杂的模型的精度差别不明显；适用于干旱、半干旱、喀斯特流域和平原水网流域的流域水文模型仍比较缺乏（芮孝芳，1999）。

2.2 水文预报结果评价

为了统一水文情报预报技术标准，加强科学管理和汲取科学研究成果，在认真总结执行原规范的实践经验及国际先进经验的基础上，我国编写了《水文情报预报规范》（SL 250—2000）（中华人民共和国水利部，2000）、《水文情报预报规范》（GB/T 22482—2008）（中华人民共和国国家质量监督检验检疫总局 等，2008）等有关水文预报结果评定的规范。

2.2.1 水文预报工作要求

水文预报主要包括洪水预报、潮位预报、水库水文预报与水利工程施工期水文预报、冰情与春汛预报和枯季径流预报，以及山洪、泥石流、水质警报预报等。水文预报工作包括预报方案编制和修订、方案评定和检验、作业预报和预报会商等；主要工作流程包括雨水情监视、水文情势分析、预报计算、综合分析、预报会商、预报修正、评定总结等。

实际工作中规定，水利行业内的技术指导原则性比较强。①在国家层面，国务院水行政主管部门直属水文机构负责管理和指导全国水文预报工作，负责制作国家防汛抗旱总指挥部调度决策所需的预报成果，负责向国家防汛抗旱总指挥部提供各级水文机构发布的预报成果；②在省级层面，流域及省级水文机构负责制作防汛抗旱指挥部调度决策所需的预报成果，负责向防汛抗旱指挥部提供各级水文机构发布的流域片或区域内预报成果；③在地市级层面，对应的水文机构负责制作防汛抗旱指挥部调度决策所需的洪水预报成果，负责向防汛抗旱指挥部提供区域内洪水预报成果。

2.2.2 评定和检验的目的与方法

水文预报精度评定和检验的目的如下：①评定与检验预报方案，对其效果进行评价，判断所采用的结构、相应技术、方法是否合理和适用，尤其要关注预报精度是否满足生产实际的要求；②了解和掌握预报方案的适用范围、误差大小及其分布情况；③对比分析不同预报方案的实际效果，发现问题并找出解决或减小误差的方法。

预报方案效果的评定和有效性检验，需将具有良好代表性的资料系列分为率定期和检验期。评定和检验方法采用统一的许可误差和有效性标准对预报方案进行评定和检验。

2.2.3 预报方案评价

洪水预报方案要求使用样本数量不少于10年的水文气象资料（应包括大、中、小水各种代表性年份），并保证有足够的具有代表性的场次洪水资料（湿润区≥50次，干旱区≥25次）。当资料不足时，使用所有年份的洪水资料；对于代表性年份中大于样本洪峰中值的洪水资料应全部采用，不得随意舍弃。

洪水预报方案编制完成后，应进行精度评定和精度检验，确定方案的精度等级。精度评定必须使用参与洪水预报方案编制的全部资料，精度检验应引用未参与洪水预报方案编制的资料（参照国际通行的下限要求，为2年）。一般采用绝对误差、相对误差和确定性系数三种指标来评定精度。其中，洪水预报过程与实测过程之间的吻合程度可用确定性系数来衡量。将合格预报次数与预报总次数之比的百分数定义为合格率（QR），表示多种预报总体的精度水平。

针对洪峰流量（水位）、洪峰出现时间、洪量（径流量）和洪水过程等项目进行预报精度（主要指洪水预报精度，包括预报方案精度等级）评定、作业预报的精度等级评定和预报时效等级评定。

许可误差是依据预报成果的使用要求、实际预报技术水平等综合确定的误差允许范围。根据洪水预报方法和预报要素的不同，可以将许可误差分为洪峰预报许可误差、洪峰出现时间预报许可误差、径流深预报许可误差、过程预报许可误差等。一次预报的误差小于许可误差时，为合适预报。预报项目的精度按合格率或确定性系数的大小分为甲（QR≥85.0%）、乙（85.0%>QR≥70.0%）、丙（70.0%>QR≥60.0%）三个等级。

第3章

预报方案编制与作业预报

3.1 预报方案编制

3.1.1 编制内容及要求

预报方案编制的主要工作内容包括：①预报流域及断面的踏勘、调研数据；②基础数据的收集与处理；③预报模型与方法的选择；④预报模型参数的确定；⑤预报方案的合理性检查和精度评定；⑥预报软件的引进与开发。

选择系列足够长、精度良好、有较高代表性的洪水样本，是好的预报方案的基础。编制水文预报方案使用的资料应满足如下要求。

（1）如 2.2.3 小节所述，洪水预报方案中应选择合适的洪水资料。

（2）制作潮位增水预报方案时，应不少于 10 次热带（温带）气旋资料。制作正常潮位预报方案时，应不少于一年的逐时连续潮位资料，并包括高、低潮位值与潮时。

预报方案编制完成后应提交如下成果：①方案编制报告，包括流域水文特性说明，使用资料的可靠性和代表性分析；②采用的预报方法与技术途径，预报方案的精度评定和成果分析论证；③主要分析计算成果及其说明；④应用图表或计算机程序及其使用说明。

在每年汛末或使用洪水预报方案一段时间以后，应对其进行评价。当发现下列情况之一时，应对方案进行修订补充或更新：①实测水文资料已超出原水文预报方案的数值范围；②积累的新资料表明水文规律已发生变化；③受自然演变或人类活动影响，流域、河段或断面的水文情势发生改变；④采用新方法、新技术可以提高精度或增长有效预见期。

3.1.2 预报模型和方法选择

选择预报模型或方法需要考虑以下基本问题：①预报的目标或对象，如目标断面、要素特征值、要素过程；②预报的时效和精度要求；③可利用的历史资料；④进行作业预报时能得到的实时资料；⑤预报依据要素向预报目标要素转化的基本物理过程、物理图景或其间的因果关系；⑥需处理的特殊现象或特殊问题；⑦可以利用的硬件条件。

3.1.3 模型参数确定

模型参数是反映流域水文特性的一组待定常数，具体见 2.1.3 小节中对模型参数的介绍。

3.1.4 方案编制中的难点问题

方案编制中有一些计算机处理起来较为困难和难以完全规范化的问题，主要包括泰森多边形权重的计算、相关图线的定线、降雨产生的次洪水的分割、单位线制作、马斯京根方程参数的确定、缺报雨量的插补、绳套水位流量转换和预报等。

3.2 作业预报

3.2.1 基本要求

作业预报的主要环节包括：雨水情信息的处理、预报制作、预报成果的分析和会商、预见期预报降雨的使用、预报的发布和滚动修正、预报结果的误差评定、经验总结等。

3.2.2 雨水情信息的处理

雨水情信息的处理可分为如下七个情形。

（1）实时资料预处理。其包括资料的检验纠错、等时段处理、按时序内插和按空间插补等。

（2）实测资料同化。以降水为例，需要进行雨量站和雷达等观测资料、卫星云图估算资料、定量降水预报产品资料等的同化处理，即按一定的格式、质量、时段要求将这些资料融为一体。

（3）资料系列补齐。对于洪水预报的目标而言，制作和发布预报往往在指标特征出现（如强降雨发生或出现上游洪峰流量）时进行，但使用水文预报模型或方法进行计算，往往需要完整的过程资料，即需要将降雨或流量过程数据补齐。

（4）非数值化产品处理。比较突出的情形是，降雨预报成果以文字形式或等值线形式给出，需要进行数值化处理，或者将定性值进行定量化处理，并分配到具体的产汇流单元上。

（5）特定边界或初始条件处理。当为决策服务时，往往会遇到在上级领导给出特定边界或初始条件下进行预测预估分析的情形，必须将这些条件转化为作业预报模型或系统的参数、状态、阈值信息等。

（6）特殊水情处理。当发生特殊水情，如溃坝、决口、堵复时，信息传递解译系统要能快速做出反应。

（7）异常情况下的分析预估。当预报系统失灵或信息无法获取时，能根据平时积累的知识和经验对未来水情做出基本判断。

3.2.3 预报制作与会商

预报制作与会商是实际工作中的一个重要环节，主要包括：预报制作、预报成果的分析和会商。①预报制作，即根据选定的模型或方法进行查图、查表或使用洪水预报系统进行计算的过程；②预报成果的分析，即预报员进行多模型、多角度合理性分析，对作业成果提出综合预报意见，并对结果的可靠程度、可能的误差进行初步判断；③预报会商，在重要的洪水预报中必须建立预报会商制度，主要是为了避免预报员对一场复杂洪水影响因素的把握出现差异。

习　题

一、判断正误

1. 水文模型可以分为集总式模型和分布式模型，或者确定性模型和随机模型。（　）

2. 可以预期的是模型评估过程结束时，不是只有一个流域模型，而是有几个可以接受的模型（包括不同的参数集用在一个选定的模型结构内）能够用于预报。（　）

3. 受水流驱动的其他过程的预报，如水文地球化学预报、侵蚀与泥沙输送预报及生态预报等，都会引入有关概念模型结构和参数值的附加选择，并会受到降雨径流预报引起的不确定性的影响。（　）

二、填空

1. 水文预报方法有很多，可以粗略地划分为________和________。前者运用水文学基本原理对水文现象及其变化与特征进行剖析；后者为基于数据输入输出关系分析的黑箱模型。

2. 河段洪水预报的实质是以________近似求解河道非恒定渐变流。其中，相应水位（流量）法的关键是解决如下两个问题：上、下游断面同相位水文要素之间的________及________。

3. 下图为河段上、下游监测站记录的水位过程，其中在相应水位预报中，曲线 X 点的相应相位点为________。

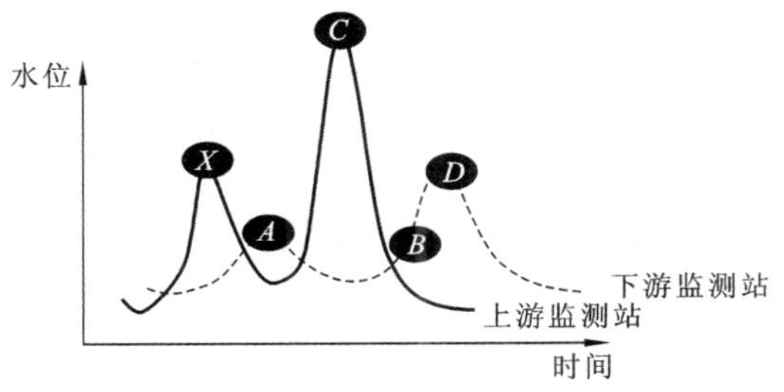

4. 相应水位/流量预报的关键是确定上、下游水文要素之间的定量关系和______。

三、简答

1. 什么是水文预报？水文预报研究的重点和关键是什么？

2. 水文模型结构的提出有哪几种途径？

3. 新安江模型的结构有何特点？试述模型计算的主要步骤。

4. 水文模型参数为什么要率定？以新安江模型为例，说明试错法优选参数的主要内容。

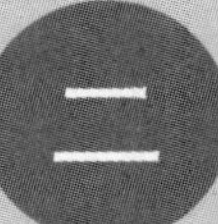

第二篇

水文预报基本方法

第4章

流域降雨产流预报

4.1 产流原理简介

降水到达地表之后，根据地表土层的特征及当时的含水状态，土壤会对降水产生一定的调蓄作用，而不是直接产流，使得降水在时间维度上有一个分布，这个水量分布就可以视为产流分布，叠加每场降水的时间分布便可计算某一时刻的产流量。

为了简化模型结构，常用的流域水文模型常把从降水形成流域出口断面流量的过程分为产流和汇流两种机制。精确描述流域降雨径流过程是十分困难的。因为产流的时空分布差异及汇流过程中汇流路径与机理的不同，在实际工作中对产流进行划分是一个比较常见且有效的方法。例如，在新安江模型中，有二水源和三水源两种划分。汇流也一般分为两个阶段，即坡面汇流和河道汇流。

4.1.1 产流划分

产流划分是概念性水文模型的一个重要概念，通过对流域产流过程进行总结，得出几个较为典型的产流过程，下面将介绍三个典型的概念性水文计算方法，兼顾物理过程和实用性。

1. 超渗产流

超渗产流由 Horton（1935）提出，认为产流划分有四种情况：不产流、完全下渗并形成地下产流、（仅）地表产流、地表产流和地下产流。超渗产流将降水强度分为两种：大于或小于下垫面的下渗能力。产流分为两种：地表产流或地下产流。蓄水土层分为两层：上层为不产流蓄水层，下层为地下水产流区。通过对降水、下垫面的简单分类，总结出如下四种产流情况。

1）不产流

如图 4.1.1 所示，当降水强度小于下渗能力时，无地表产流；下渗量补充土壤含水量后仍未到达地下水位，所以也没有地下产流。

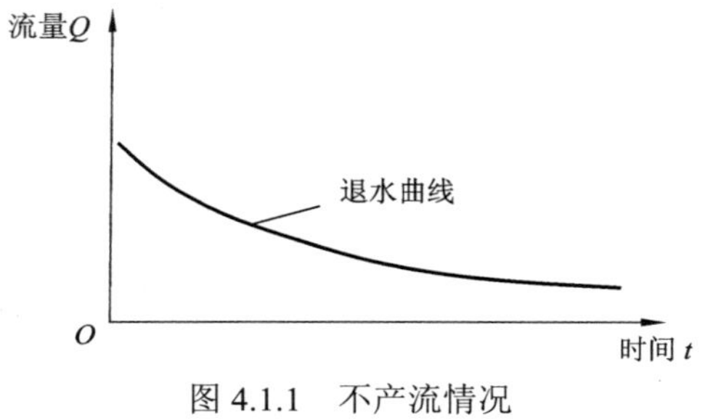

图 4.1.1　不产流情况

2）完全下渗并形成地下产流

如图 4.1.2 所示，当降水强度小于下渗能力时，所有降水都下渗，因此无地表产流；下渗量大于不产流蓄水层的蓄水容量，因此形成地下产流。

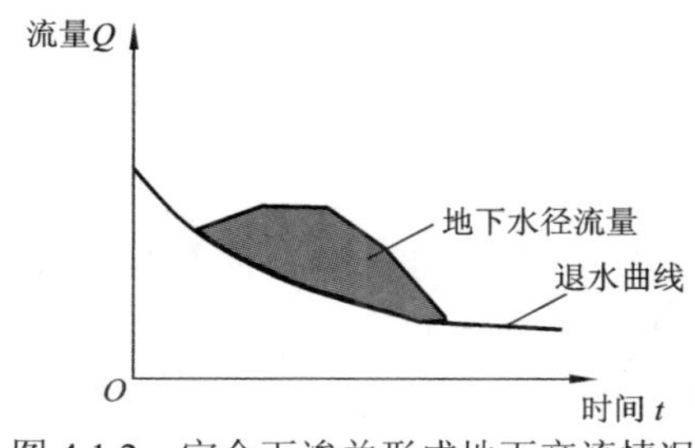

图 4.1.2　完全下渗并形成地下产流情况

3）（仅）地表产流

如图 4.1.3 所示，当降水强度大于下渗能力时，降水按下渗能力下渗，超出下渗能力的部分便产生了地表产流，而下渗量还未达到不产流蓄水层的蓄水容量，没有到达地下水位，因此没有地下产流，即降水一部分产生地表产流，一部分补充土壤含水量。

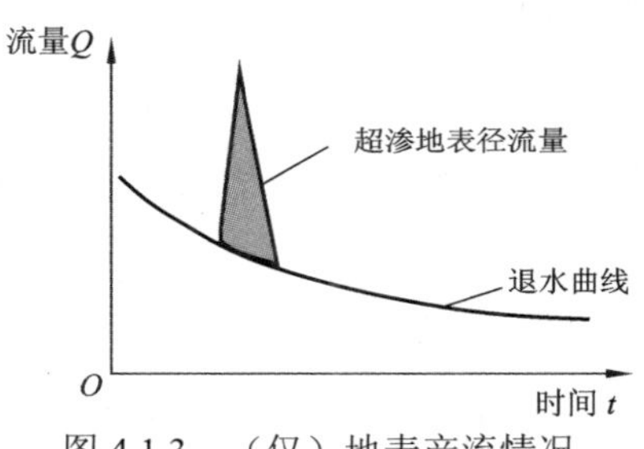

图 4.1.3　（仅）地表产流情况

4）地表产流和地下产流

如图 4.1.4 所示，当降水强度大于下渗能力时，降水按下渗能力下渗，超出下渗能力的部分直接产生地表产流；而下渗量大于不产流蓄水层的蓄水容量，下渗到达地下水位并产生了地下产流。

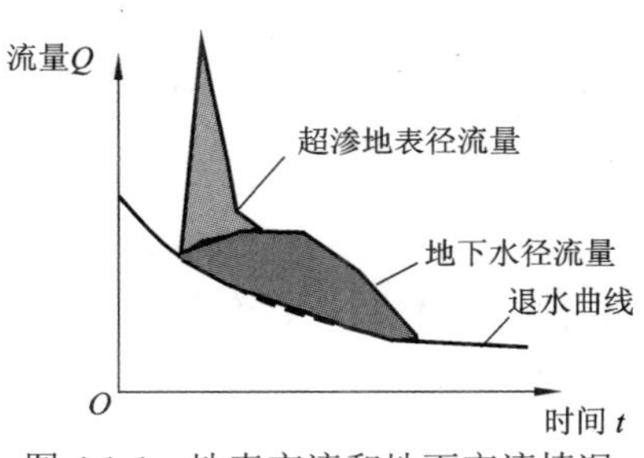

图 4.1.4　地表产流和地下产流情况

尽管霍顿（Horton）将所有要素都简单地分为两类，但已经很好地描述了大多数情况下的产流情况，并且这种思路对之后的水文学计算有很大的启发作用。

2. 蓄满产流

蓄满产流由 Dunne 等（1970）提出，以进一步完善对产流的描述。其理论的主要创新有：发现壤中产流及其产生的物理条件；发现产生地表径流的另一机制——饱和地表产流。

邓恩（Dunne）发现土层往往不是均质的，而是由地球岩石土壤圈的发育形成的，因而其有明显的层次结构。不同土层之间的土壤特性（如孔隙和岩石裂隙）不同，因此会有不同的饱和水力传导度，即稳定下渗率。一般上层土壤的稳定下渗率要大于下层土壤，邓恩的基本思路实际上是将霍顿的两层土壤结构构建为三层，如图 4.1.5 所示，将霍顿的不产流蓄水层根据真实的土壤岩石圈构造构建为 A、B 上下两层可产流蓄水层，其中 A 层的稳定下渗率大于 B 层（即相对不透水层）。基于此，可以将邓恩的两个新的产流方式解释为：壤中产流及饱和地表产流。

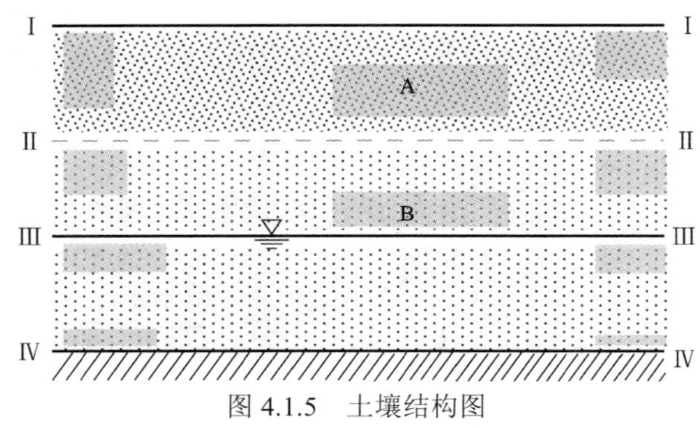

图 4.1.5　土壤结构图

I 为地表；II 为相对不透水层面；III 为潜水面；IV 为不透水基岩层面

1）壤中产流

在不考虑降水强度与 A 层下渗能力（即假设降水强度小于或等于 A 层下渗能力）的前提下，降水首先到达 A 层，当 A 层满足基本缺水量并产生自由重力水之后，会继续向 B 层下渗；对于 B 层而言，若此时降水强度大于 B 层下渗能力，便会有水量积蓄在 A 层，A 层逐渐形成饱和层，饱和层的水会通过重力作用汇集到河道中，这个产流被邓恩称为壤中产流。

2）饱和地表产流

当 A 层饱和水面上升至地表，即 A 层达到饱和含水量时，仍然有降水发生，此时会因为重力作用形成与地表地势一致的地表产流，被邓恩称为饱和地表产流。

3. 山坡产流

超渗产流及蓄满产流为最基础和最典型的产流过程；也可以将自然产流总结为超渗地表产流、饱和地表产流、壤中产流、地下水产流四种。然而，以上分类方法均没有考虑实际过程，如产流到达河道过程中的非均一地表及土壤条件等。

对于山坡，可以对产流的情况做出更为详细的描述，图 4.1.6 构建了一个较为典型的山坡剖面，其特点在于：地表地势有起伏，透水层与不透水层的分界面也为坡面，地下水可以长时间补给河道。基于图 4.1.6，山坡产流可以描述为：超渗地表产流、壤中产流、蓄满地表产流、地下水产流、回归流、窜流。

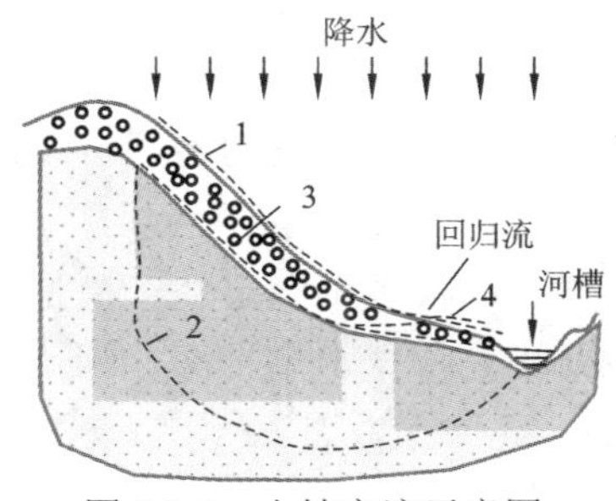

图 4.1.6　山坡产流示意图

1 为超渗地表产流；2 为地下水产流；3 为壤中产流；4 为蓄满地表产流

（扫一扫 看彩图）

1）超渗地表产流

当降水强度大于地表下渗能力时，一部分降水下渗，而另一部分形成超渗地表产流。

2）壤中产流

下渗到透水层（即蓄满产流的 A 层）的降水，根据蓄满产流机理，透水层形成饱和水面，并生成壤中产流。

3）蓄满地表产流

当透水层的饱和水面上升至地表，即透水层完全饱和时，地表会形成蓄满地表产流。

4）地下水产流

地下水位高于河道水位，便会补给河流，即地下水产流。

5）回归流

在壤中产流向河道汇流的过程中，当遇到应力薄弱的饱和土壤时，水可能会溢出地表，称为地表径流，将这种壤中产流在汇流过程中到达河道前变为地表径流的现象称为回归流。

6）窜流

受地理条件影响，当地表产流遇到凸起地形（坡面洼地）时，回归流又可能再次变为壤中产流，这种在汇流过程中时而出现在地表，时而进入土壤的水流称为窜流（图 4.1.7）。

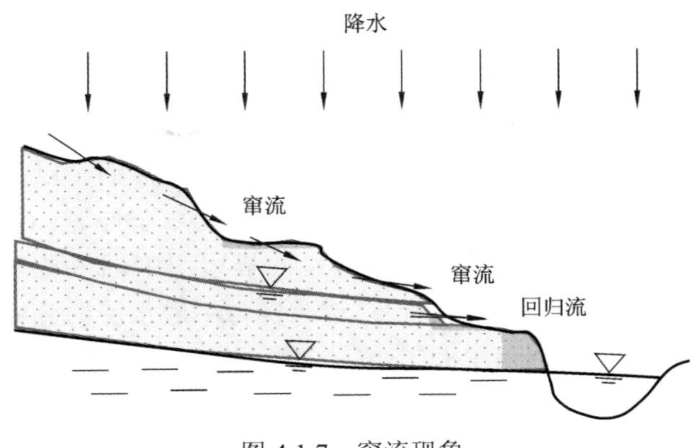

（扫一扫 看彩图）

图 4.1.7 窜流现象

山坡产流理论在产流的基础上，根据山坡的地理特性，进一步描述了径流过程（初期汇流过程）的一些现象。

以上产流原理在计算上仍然存在很多不确定性，模型过于单一，而且不同的空间尺度会有不同的计算关系，但主要还是根据水量平衡、阈值设定及判别公式来进行计算，不涉及较为复杂的计算。

4.1.2 产流面积

由于降水分布、降水强度分布和土壤蓄水层深度分布等的差异，在流域尺度上往往不能保证产流的状态及进度与土壤含水量保持一致。流域蓄水容量曲线能够简化产流过程的计算，其来源于对流域产流面积变化的研究。流域蓄水容量曲线是将流域内各地点包气带的蓄水容量按从小到大的顺序排列得到的一条蓄水容量与相应面积关系的统计曲线，其特点在于将流域蓄水情况通过数学公式（曲线）进行统计意义上的表述。图 4.1.8 为初始含水量不为 0 时蓄满产流的流域产流量计算示意图。

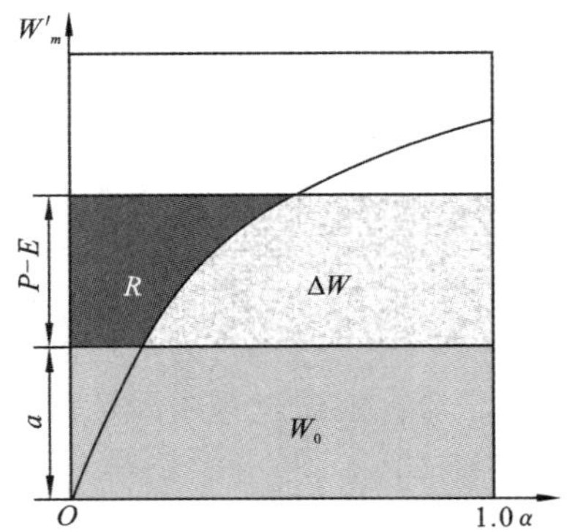

图 4.1.8 $W_0 \neq 0$ 时蓄满产流的流域产流量计算示意图

R 为流域蓄满产流的总径流量；W_0 为土壤初始含水量；ΔW 为流域蓄水容量的增量；W'_m 为田间持水量或蓄水容量；α为流域蓄水容量（面积分配）曲线，计算见式（4.1.1）；P 为降水量；E 为蒸散发量；a 为初始等量降水量

根据资料研究与验证，在中国南方地区，流域蓄水容量曲线可以表达为

$$\alpha = 1 - \left(1 - \frac{W'_m}{W'_{mm}}\right)^b \tag{4.1.1}$$

式中：W'_{mm} 为流域内张力水最大蓄水容量；b 为流域经验指数。

假设初始含水量 W_0 已知，根据式（4.1.3）可以计算初始等量降水量 a：

$$W_m = \int_0^{W'_{mm}} (1-\alpha)\,\mathrm{d}W'_m = \frac{W'_{mm}}{1+b} \tag{4.1.2}$$

$$a = W'_{mm}\left[1 - \left(1 - \frac{W_0}{W_m}\right)^{\frac{1}{1+b}}\right] \tag{4.1.3}$$

式中：W_m 为流域最大蓄水容量。流域蓄满产流的总径流量 R 为

$$R = \begin{cases} P - E - W_m\left[\left(1 - \dfrac{a}{W'_{mm}}\right)^{1+b} - \left(1 - \dfrac{W_0}{W_m}\right)^{\frac{1}{1+b}}\right], & P - E + a < W'_{mm} \\ P - E - (W_m - W_0), & P - E + a \geqslant W'_{mm} \end{cases} \tag{4.1.4}$$

水文预报的主要任务是解决降水在时间和空间上的分布问题，下渗与产流可以视为净雨量在时间与空间分布的开端。

4.2　流域蒸散发

4.2.1　蒸散发物理机制

蒸散发过程是指地表液态或固态水通过某种方式逸散到大气中的过程，考虑在水体与大气的分界面（发生蒸散发的表面）水分子再凝结（或凝华）吸收进入水体，将蒸散发量定义为：地表水向大气逸散与吸收的差值。蒸散发包括蒸发和散发两个过程，蒸发是指温度低于水的沸点时，水汽从水面、冰面或其他含水物质表面逸出的过程；散发是指水分从叶面和枝干以蒸汽状态向大气散发（蒸发）的过程。值得注意的是，被植被表面截留的降水直接蒸发的过程也属于蒸发，而非散发。

蒸散发过程有两个必要条件——蒸散发源、蒸散发能量，以及一个重要影响因素——蒸散发逸散场（大气环境）；对于散发还有一个影响因素——植被，即植被的生命状态及植被的类型等。

蒸散发是水文循环最重要的过程之一，是连接大气圈和水圈的重要通道。蒸散发过程还伴随着地表能量的传递与变化，因此蒸散发同时是能量平衡（传递）的重要窗口。蒸散发的计算与研究是水资源评价的基础和作物灌溉的基本依据。蒸散发的抑制和调控对改变全球与区域的水文循环具有重要意义。

1. 蒸散发源与其载体

对于蒸发，蒸发源可以分布在陆地任何表面，常见的载体有：水体本身（但实际上参与蒸发的也仅仅是水体表面）、土壤、人造物表面（路面、屋顶等）、植被叶或枝干表面等。散发源为植被根系周围的水源。

除水体表面以外的蒸散发源因为与载体之间存在吸附或其他关系，不能像水体一样源源不断地提供充足的水源，而非水体的蒸散发过程占据了大部分时间或空间，因此给蒸散发的计算增加了很多不确定性。

对蒸散发源或蒸散发源载体的数学描述也较为困难。例如，植被叶表的截留蒸发与植被的叶面积指数相关；在城市中不透水面与透水面的导流关系，导致不透水面的截留量与透水面的截留量并不简单地等于降水量；植被根系可能分布在地下不同的深度；等等。研究最多的是土壤（水）蒸发，水在土壤中存在的形态有固态、液态、气态三种，受力情况有重力、毛管力、土壤固体分子的吸附力及植被根系的生物吸附力等，所以很难有一个简单的公式将所有要素都概括进来。

2. 蒸散发能量

蒸散发所需的能量（潜热）可以通过热传导、辐射、热对流传递。蒸发源内部或蒸发源与载体间存在温度差，就会存在能量的传递。例如，水体深层存储的能量向蒸发表面传递，或者地球自热通过地壳传递给蒸发源与其载体。辐射能量主要来自太阳短波辐射及地球表面的长波辐射，太阳辐射也是地表大部分能量的本身来源。与蒸散发相关的能量通量的计算可以参考 4.2.2 小节基础能量平衡法。

3. 蒸散发逸散场

蒸散发逸散场主要指大气层的影响因素。大气存储水汽的能力受到温度、压强和湿度的影响，当大气中的水汽达到饱和状态时，不能再吸收蒸发逸散的水汽，从大气向蒸发表面的凝结作用就会和逸散达到平衡，此时蒸散发过程就会受阻，甚至可以认为停止。但自然情况下大气中的水汽很少达到饱和状态，因为水汽转移运动是时时刻刻在发生的。风速在一些蒸散发计算中也是一个重要的因素。

4. 植被

将散发单独进行研究（蒸散发分割）早已是蒸散发研究中一项重要的任务，传统方法通过经验公式将蒸散发一起计算显然不能很好地对植被本身在水文循环中的影响进行反馈。

植被气孔的开合是决定散发过程的重要因素，而气孔的开合又在很大程度上受到植被生命状态的影响，我国大部分地区的植被有着四季更替的生命活性周期，所有植被白昼也会出现不同的生命活性。在黑暗和缺水的状态下，植被叶表的气孔将会关闭，水汽输送会严重受阻甚至中止。

植被作为散发的唯一载体，控制着散发过程。实际上，因为植被对辐射的吸收与反射会影响到能量传递，进而影响其周围的蒸发（如植被所在地的土壤蒸发等），所以植被作为截留蒸发的载体，也参与了一部分蒸发。

4.2.2　蒸散发测量

蒸散发过程的检测与计算是一个极其复杂的过程，因此除了蒸散发、蒸发、散发等概念，还有很多其他不可忽略的描述性概念，如潜在蒸散发、蒸散发能力、参考蒸散发、实际蒸散发、流域蒸散发等。

蒸散发的测量一直是一个较为复杂的问题，常见的测量方法有以下三种。

1. 蒸发器皿

蒸发器皿通过一个充足的蒸发源来测量蒸发器皿所在地的蒸发量。

$$E_K = P - \Delta S^{蒸} \tag{4.2.1}$$

式中：E_K 为蒸发器皿蒸发量；P 为降水量；$\Delta S^{蒸}$ 为蒸发器皿水量的变化量（增加为正，减少为负）。E_K、P、$\Delta S^{蒸}$ 的单位一般为 mm 或 mm/d。

2. 蒸渗仪和土壤湿度测定法

如图 4.2.1 所示，蒸渗仪安装在一定深度的土块之下，通过下渗的水量、降水量及土块质量的变化量计算蒸散发量，蒸渗仪安装在蒸散发源及其载体之下，而且蒸渗仪地表可以选择有植被覆盖。相比于蒸发器皿，蒸渗仪考虑了蒸散发源对蒸散发的影响。

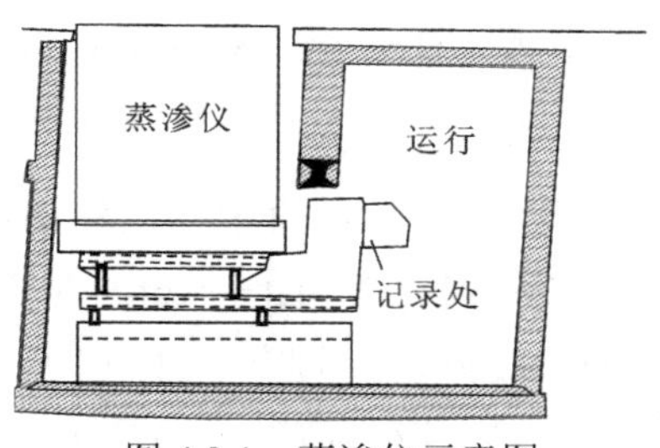

（扫一扫 看彩图）

图 4.2.1　蒸渗仪示意图

$$\mathrm{ET}_S = P - R_g - \Delta S^{土} \tag{4.2.2}$$

式中：ET_S 为测定的蒸散发量；P 为降水量；R_g 为渗水量；$\Delta S^{土}$ 为土块含水量的变化量（增加为正，减少为负）。ET_S、P、R_g、$\Delta S^{土}$ 的单位一般为 mm 或 mm/d。

如图 4.2.2 所示，土壤湿度测定法是指在不同时刻对研究土块的不同深度测量土壤湿度（或含水率），两次测量结果的差值即蒸散发量。

$$\mathrm{ET}_S = P - \Delta S \tag{4.2.3}$$

式中：ΔS 为土块含水量两次测量的变化量。

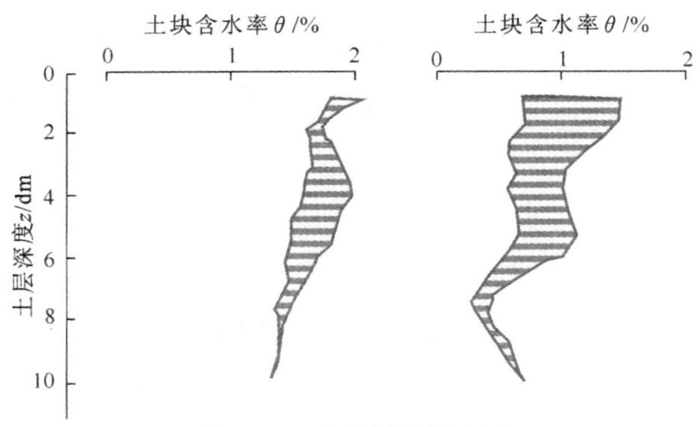

图 4.2.2　土壤湿度测定法

土壤湿度测定法没有考虑土壤水的侧向流动，因此可能存在一定的误差。蒸发器皿和蒸渗仪测量可以视为利用水量平衡法测量蒸散发量，而土壤湿度测定法可以视为直接测量。

3. 涡度相关法

涡度相关法通过红外线气体分析仪（涡度相关仪）对蒸散发源上层气体（蒸散发逸散场中的水汽、二氧化碳等）的变化进行测定，通过涡度相关仪也可以测量能量等多种与蒸散发相关的物理量，因此涡度相关法测量的蒸散发量可靠性高，经常被用来检验其他方法的标准性。但涡度相关法也有一定的局限性，如该方法假设蒸散发逸散场气体的横向（水平空间）分布是各向均质的，且只在垂向发生交换。

$$s(t)=\int_0^t q(\Delta t,t)\mathrm{d}t\,,\quad E=\rho\overline{q'w'} \tag{4.2.4}$$

式中：$s(t)$ 为 t 时段内的通量；q 为气体流量；Δt 为时间间隔；E 为蒸散发量；ρ 为空气密度；q' 为比湿的脉动值；w' 为空气垂向运动速度平均值的脉动量；$\overline{q'w'}$ 为比湿脉动与垂直风速的协方差。实际测量的 q' 和 w' 有很强的波动性，因此会通过计算交叉相关性来计算一个时段的均值，时段一般选取为 15～30 min 或最多 1 h。

不仅蒸散发的测量复杂，而且测量站点的分布也并不广泛，因此根据其他水文、气象变量进行蒸散发的模拟计算往往是获取蒸散发量的常见方式。由于蒸散发涉及的四个重要因素（蒸散发源与其载体、蒸散发能量、蒸散发逸散场、植被）都有着很强的分布异质性和差异性，甚至蒸散发逸散场和蒸散发源还有很强的动态性，因此还没有一个能够完全考虑四个因素的完美计算公式。很多经验公式会侧重其中一个因素进行计算，其中以能量变化为主的公式占据了大多数。

1）基础能量平衡法

$$\mathrm{ET}=f(\mathrm{ENER}) \tag{4.2.5}$$

式中：ET 为潜在蒸散发；f（ENER）为以蒸散发能量为自变量的函数。

$$R_N=R_I+R_H+R_G-R_R-R_A \tag{4.2.6}$$

式中：R_N 为净辐射；R_I 为直接太阳辐射；R_H 为大气短波辐射；R_G 为大气长波辐射；R_R 为反射辐射；R_A 为地表长波辐射。

能量平衡：

$$R_N - H_B - H_K - H_V \approx 0 \tag{4.2.7}$$

式中：H_B 为地表传热；H_K 为空气传热；H_V 为蒸散发能量消耗。

$$E = \frac{H_V}{L_V} \tag{4.2.8}$$

式中：E 为蒸散发量；L_V 为蒸散发潜热。

2）基于蒸散发逸散场状态的计算方法

$$\mathrm{ET} = f(\mathrm{ATMS}) \tag{4.2.9}$$

式中：$f(\mathrm{ATMS})$ 为基于蒸散发逸散场的蒸散发函数。

基于蒸散发逸散场进行计算的公式以大气中的水汽压变化为主，从大气的接收能力角度计算蒸散发的可能性。

$$E = f_e(u)(e_s - e_a) \tag{4.2.10}$$

式中：E 为蒸散发量；$f_e(u)$为风速的经验方程，u 为风速；e_s 为饱和水汽压；e_a 为实际水汽压。

$$f_e(u_2) = 0.26(1 + 0.54u_2) \tag{4.2.11}$$

式中：u_2 为测量高度为 2 m 的风速。

3）实际蒸散发计算方法

只考虑能量传递和蒸散发逸散场状态的方法得到的蒸散发称为参考蒸散发或蒸散发能力，即供水充足条件下的植被覆盖的地表蒸散发（Jensen，1990）。实际应用中会根据流域或研究区域的实际特征使用一个折算系数来计算实际蒸散发。

计算实际蒸散发除了使用折算系数还有很多其他方法，如互补相关法、熵增原理等。在可变下渗容量（variable infiltration capacity，VIC）大尺度水文模型中的实际蒸散发考虑三种蒸散发源：土壤蒸发、植被冠层蒸发、植被散发，其较为符合真实的物理过程。

4.2.3　流域蒸散发计算

流域蒸散发计算是影响产流预报精度的非常重要的因素，主要原因是该部分水量占据了流域水量平衡项中较大的比例，一般而言，湿润地区的蒸散发量占雨量的比例接近 50%，干旱地区则可能超过 90%。较常用的一些水文模型中还较少用到蒸散发量的实测值，而采用间接计算方法确定的蒸散发量却导致了较大的水文模拟误差。当前，一些学者探索了较多确定实际蒸散发量的新方法，也取得了较好的验证精度，值得在以后的水文模型改进中加以尝试和推广（刘元波 等，2022；Sun et al.，2022；Qiu et al.，2020）。

在蒸散发的计算中，首先需要理解蒸散发能力，即供水充分条件下的蒸散发量。流域蒸散发能力（EM，单位为 mm 或 mm/d），综合反映了充分供水条件下（即排除湿度因素，实测土壤蒸散发与湿度的关系，如图 4.2.3 所示）影响陆面蒸散发的气象条件。在间接推算 EM 后，水文学家试图引入两个土壤含水率的阈值来表征蒸散发的物理过程，第一个阈值为毛管断裂含水率$\theta_{毛断}$，第二个阈值为田间持水率$\theta_{田}$。正如试验观测所得，当土壤含水率小于$\theta_{毛断}$时，蒸散发量小而稳定；当土壤含水率大于$\theta_{田}$时，蒸散发量可以达到EM；而当土壤含水率在$\theta_{毛断}$和$\theta_{田}$之间时，蒸散发量一般与土壤含水率成正比。如何确定这两个土壤含水率阈值，是当前研究的难点问题，国内外学者做了一些探索性工作（Shmuel et al.，2014；Sun et al.，2013）。

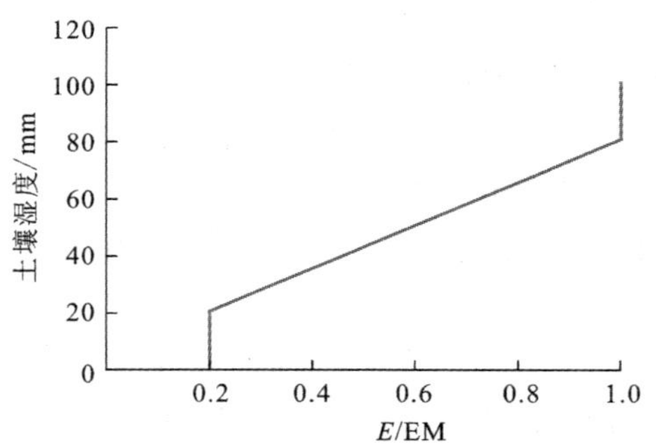

图 4.2.3　江湾站实测土壤蒸散发与湿度的关系

为了考虑土壤含水量垂向分布的作用，水文模型中将蒸散发计算模型分为一层模型、二层模型、三层模型。

1. 一层模型

蒸散发计算的一层模型，在物理意义上与前期影响雨量的计算方法相当。

令W为土壤湿度，则

$$E = \mathrm{EM} \cdot W / W_m \tag{4.2.12}$$

式中：E为蒸散发量，mm；EM 为蒸散发能力，mm；W_m为流域最大蓄水容量。

2. 二层模型

为解决一层模型在W很小（如久旱之后）时导致的计算误差，引入二层模型。把流域最大蓄水容量分为上层 WUM 、下层 WLM ，将土壤湿度W分为上层 WU 、下层 WL 。降雨先补充上层，满足 WUM 后再补充下层；蒸散发则先消耗上层，消耗完 WU 后再消耗下层 WL 。

当 $\mathrm{WU} > \mathrm{EM}$， $\mathrm{EU} = \mathrm{EM}$ 或 $\mathrm{WU} \leqslant \mathrm{EM}$， $\mathrm{EU} = \mathrm{WU}$ 时，

$$\mathrm{EL} = (\mathrm{EM} - \mathrm{EU}) \cdot \mathrm{WL/WLM} \tag{4.2.13}$$

式中：EU 与 EL 分别为上层、下层蒸散发量，mm。

3. 三层模型

采用二层模型模拟时，未考虑深层水分对蒸散发的供给，为此需要引入三层模

型。将 W_m 分为三层：上层 WUM、下层 WLM 与深层 WDM。其中，前两层的蒸散发计算规则与二层模型相同（引入一个流域常数 C，以 $\mathrm{EL} \geqslant C \cdot \mathrm{EM}$ 为限）。如 $\mathrm{EL} < C \cdot \mathrm{EM}$，即 $\mathrm{WL} < C \cdot \mathrm{WLM}$，且 $\mathrm{WL} \geqslant C \cdot (\mathrm{EM} - \mathrm{EU})$，则取 $\mathrm{EL} = C \cdot \mathrm{EM}$，$\mathrm{ED}=0$；如 $\mathrm{WL} < C \cdot \mathrm{WLM}$ 且 $\mathrm{WL} < C \cdot (\mathrm{EM} - \mathrm{EU})$（蒸散发超出时），则

$$\mathrm{EL} = \mathrm{WL} \tag{4.2.14}$$

$$\mathrm{ED} = C \cdot (\mathrm{EM} - \mathrm{EU}) - \mathrm{EL} \tag{4.2.15}$$

式中：ED 为深层蒸散发量，mm。

举一算例，设 $W_m = 120\ \mathrm{mm}$，$\mathrm{WUM} = 15\ \mathrm{mm}$，$\mathrm{WLM} = 85\ \mathrm{mm}$，$\mathrm{WDM} = 20\ \mathrm{mm}$，$b = 0.3$，$K = 0.95$（$K$ 为流域蒸散发能力的折算系数），$C = 0.14$，三层模型示例见表 4.2.1。

表 4.2.1 三层模型示例

时间/日	P /mm	EM /mm	PE /mm	R /mm	EU /mm	EL /mm	ED /mm	E /mm	WU /mm	WL /mm	WD /mm	W /mm
									0.00	2.20	20.00	22.20
11	0.00	5.60	0.00		0.00	0.74	0.00	0.74	0.00	1.46	20.00	21.46
12	0.00	7.20	0.00		0.00	0.96	0.00	0.96	0.00	0.50	20.00	20.50
13	0.00	6.80	0.00		0.00	0.50	0.40	0.90	0.00	0.00	20.00	20.00
14	0.00	8.20	0.00		0.00	0.00	1.09	1.09	0.00	0.00	19.59	19.59
15	0.00	7.60	0.00		0.00	0.00	1.01	1.01	0.00	0.00	18.50	18.50
16	3.00	7.40	0.00		3.00	0.00	0.56	3.56	0.00	0.00	17.49	17.49
17	4.20	6.80	0.00		4.20	0.00	0.32	4.52	0.00	0.00	16.93	16.93
18	10.30	6.40	4.22	0.16	6.08	0.00	0.00	6.08	4.06	0.00	16.61	20.67
19	15.10	6.00	9.40	0.50	5.70	0.00	0.00	5.70	12.96	0.00	16.61	29.57
20	0.00	6.20	0.00		5.89	0.00	0.00	5.89	7.07	0.00	16.61	23.68
21	63.20	3.00	60.35	7.46	2.85	0.00	0.00	2.85	15.00	44.96	16.61	76.57
22	56.80	2.70	54.23	17.61	2.57	0.00	0.00	2.57	15.00	81.59	16.61	113.20
23	22.50	3.40	19.27	13.47	3.23	0.00	0.00	3.23	15.00	85.00	19.00	119.00
24	1.20	4.20	0.00		3.99	0.00	0.00	3.99	11.01	85.00	19.00	115.01
25	0.00	5.80	0.00		5.51	0.00	0.00	5.51	5.50	85.00	19.00	109.50
26	0.00	7.40	0.00		5.50	1.53	0.00	7.03	0.00	83.47	19.00	102.47

注：$\mathrm{PE}=P-E$；WD 为深层土壤湿度。

以 13 日为例，已知 $P = 0.00$，$\mathrm{EM} = 6.80\ \mathrm{mm}$，$\mathrm{WU} = 0.00$，$\mathrm{WL} = 0.00$，$\mathrm{WD} = 20.00\ \mathrm{mm}$。上层已无蒸发，$\mathrm{EL} = (\mathrm{EM} - \mathrm{EU}) \cdot K \cdot \dfrac{\mathrm{WL}}{\mathrm{WLM}} = 6.80 \times 0.95 \times \dfrac{0.50}{85} \approx 0.04\ (\mathrm{mm})$，其中 $\mathrm{WL} = 0.50\ \mathrm{mm}$ 取的是 12 日的值，因为 $\mathrm{EM} \cdot K \cdot C = 6.80 \times 0.95 \times 0.14 \approx 0.90\ (\mathrm{mm})$，

$0.90\ \text{mm} > 0.04\ \text{mm}$，且 $\text{WL} = 0.50\ \text{mm} < C \cdot (\text{EM} - \text{EU}) = 0.14 \times 6.80 \approx 0.95\ (\text{mm})$，所以尚有深层蒸发。$\text{EL} = \text{WL} = 0.50\ \text{mm}$，$\text{ED} = C \cdot K \cdot (\text{EM} - \text{EU}) - \text{EL} = 0.90 - 0.50 = 0.40\ (\text{mm})$，$E = \text{EU} + \text{EL} + \text{ED} = 0.00 + 0.50 + 0.40 = 0.90\ (\text{mm})$。

表4.2.1中11日、12日的EL，都是按深层标准蒸发，但WL满足消耗，所以ED = 0。

除了一层模型、二层模型、三层模型外，张文华等（2008）也认为，人们对流域蒸散发的认识还存在不足，有必要加强这部分的研究以便提高降雨径流计算精度。

4.3　降雨径流相关图法

基于成因分析，可以建立降雨（流域平均雨量）径流（相应径流总量）相关图；降雨径流相关图可以考虑一些主要影响因素如前期影响雨量或季节（以月份表示）、降雨历时或降雨强度、雨型、暴雨中心位置等。

4.3.1　前期雨量相关图

参照《水文情报预报技术手册》（水利部水文局 等，2010）等实际预报操作内容，一般建立降雨径流相关图可以依照如下步骤。

湿润和半湿润地区常用的是以降雨量为参数的降雨径流相关图，从理论上它符合式（4.3.1）的水量平衡方程：

$$R_d = P - E_r - (W_m - W_0) \tag{4.3.1}$$

式中：R_d 为次降雨形成的径流深（含地表、表层和浅层地下径流等）；P 为降水量；E_r 为雨期蒸发量；W_m 为流域最大蓄水容量；W_0 为初始含水量。

一般用经验公式计算 API P_a，可考虑其在一定时段 n 内的降水量（n 为影响本次径流的前期降雨天数，常取15天左右）：

$$P_{a,t} = kP_{t-1} + k^2 P_{t-2} + \cdots + k^n P_{t-n} \tag{4.3.2}$$

式中：$P_{a,t}$ 为 t 日上午8时的API；P_{t-1} 为时段 $t-1$ 的降水量；k 为系数，一般取0.85。若考虑递推形式，则

$$\begin{aligned} P_{a,t+1} &= kP_{a,t} + k^2 P_{t-1} + \cdots + k^n P_{t-n+1} P_{a,t} \\ &= kP_{a,t} + k(kP_{t-1} + k^2 P_{t-2} + \cdots) \\ &= kP_t + kP_{a,t} = k(P_t + P_{a,t}) \end{aligned} \tag{4.3.3}$$

式中：$P_{a,t+1}$ 为 $t+1$ 日上午8时的API。

对于无雨日：

$$P_{a,t+1} = kP_{a,t} \tag{4.3.4}$$

降雨径流相关图如图 4.3.1 所示。

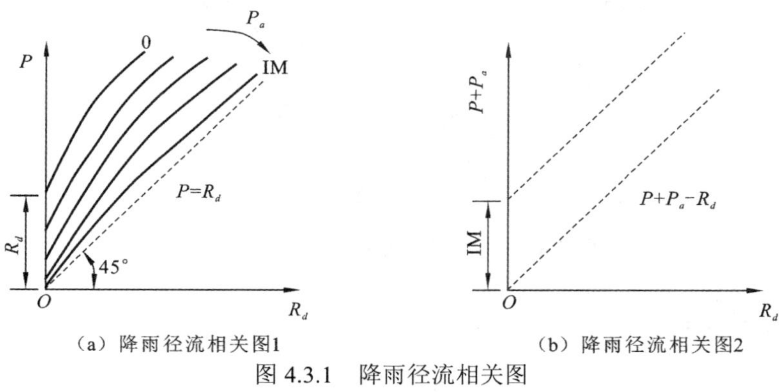

（a）降雨径流相关图1　（b）降雨径流相关图2

图 4.3.1 降雨径流相关图

IM 为不透水面积

4.3.2 起涨流量相关图

三变数相关图中的参数也有采用起涨流量 Q_0 来反映前期流域土壤湿润情况的，如图 4.3.2 所示。

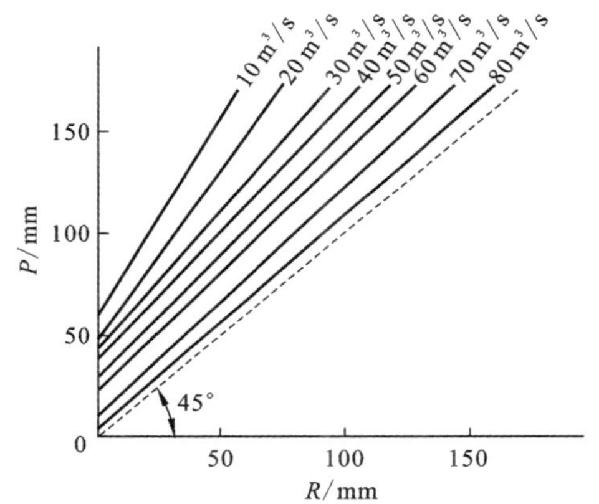

图 4.3.2 以起涨流量为参数的降雨径流相关图

4.3.3 降雨历时相关图

在干旱和半干旱地区，如果流域产流特性明显地受到降雨强度的影响，则需要考虑将 P_a 和降雨历时 t_k 作为参数来建立相关图。

一种关于降雨量、历时、前期影响雨量和径流的四变数相关图[即 $R = f(P, P_a, t_k)$ 的降雨径流相关图]，如图 4.3.3 所示（参考河北省水文部门制作的滏阳河流域的降雨径流相关图）。

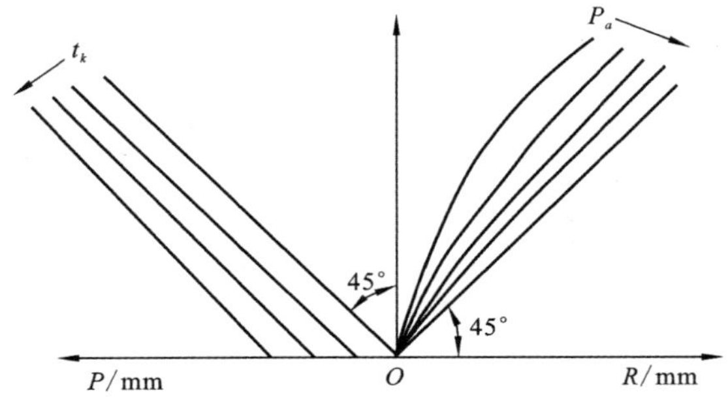

图 4.3.3　以 t_k 为参数的降雨径流相关图

t_k 的求法如下：

$$t_k = t_R + \frac{P_x}{f_c} \tag{4.3.5}$$

式中：t_R 为降雨强度大于稳定下渗率 f_c 的时间，h；P_x 为降雨强度小于稳定下渗率的各时段雨量之和，mm。

第5章

流域径流过程预报

5.1 汇流原理简介

流域汇流包括流域地表径流、壤中流和地下径流，一般分坡地和河网两个汇流阶段。坡地汇流阶段一般是指水体在坡面上的运动，水流由坡面补给河槽再沿河网继续运动就进入河网汇流阶段。

针对流域汇流，1932 年谢尔曼提出了单位线的概念，20 世纪 30 年代初水文学者提出了等流时线的概念，1979 年罗德里格斯-伊图尔韦（Rodriguez-Iturbe）等提出了地貌单位线的概念。我国经验洪水预报方案中的汇流计算一般采用的是单位线法；而新安江模型、以地形为基础的水文模型（TOPMODEL）等则多用单位线法、带滞后的线性水库演算法和等流时线法等。

5.2 单 位 线 法

单位线又称单位过程线。利用单位线来推求洪水汇流过程线，称为单位线法。在单位线法中，经验单位线和纳什瞬时单位线在水文预报部门应用较多；而地貌单位线则较多用于无资料地区。

5.2.1 经验单位线

1. 单位线的基本概念

谢尔曼于 1932 年提出了单位线的概念。该方法假定，流域径流过程线的形状反映了该流域所有物理特征的影响，即定义单位线为流域上分布均匀的一个单位的净雨量（通常取 10 mm）所形成的直接径流过程线，由此提出了三个基本假定：①单位时段内净雨量不同，但所形成的地表径流过程线的总历时（即底宽）不变；②如果单位时段内的净雨深为 n 倍的单位净雨量，它所形成的出流过程的总历时与单位线相同，而流量为单位线的 n 倍；③出流过程互不干扰，出口断面的流量等于各单位时段净雨所形成的流量之和。假定②、③归纳为倍比假定和叠加假定，由以上假定可知，净雨量 r_d 、出流量 Q_d 与单位线纵坐标 q 之间的关系如下：

$$Q_d(t)=\sum_{i=0}^{m} r_{d,i}q_{t-i+1} \tag{5.2.1}$$

式中：$r_{d,i}$ 为 i 时段的净雨量系数；q_{t-i+1} 为单位线上 $t-i+1$ 点处的纵坐标，t 为时段；m 为净雨时段数，且 $t>m$。Q_d 及 q 以 m^3/s 计。

控制单位线形状的指标有单位线洪峰流量 q_p 、洪峰滞时 T_p 及单位线总历时 T ，常称为单位线三要素，单位线三要素的示意图如图 5.2.1 所示。

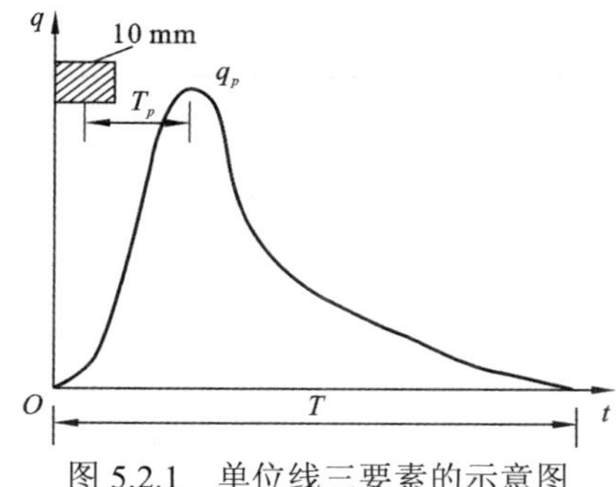

图 5.2.1　单位线三要素的示意图

单位线已知情况下，可将净雨转换为出流，计算十分简便。预报中，关键是求得单位线，单位线可以根据流域实测水文资料，由输入、输出的实测资料反推，推求单位线的唯一准则是通过单位线转换得到的系统响应误差最小。

2. 推求单位线

推求单位线前的资料选择需注意：①宜选择一些在时空分布均匀的短时段降雨所形成的较大单峰洪水过程；②单位线应用于一定面积的流域，一般不宜过大。

推求单位线之前的资料整理中，需注意：①针对历次降雨的单峰洪水过程（最好是大、中洪水），点绘流量过程线（注意分割基流及前期洪水退水），计算单次洪水径流量；②采用经验公式 $P+P_a-R$（P 为降水量，P_a 为 API，R 为径流量）计算净雨过程，验证径流量是否平衡；③选择合适的单位线时段。

主要的推求方法包括原型单位线法、分析法、试错法、汇流曲线分析法等。

1）原型单位线法

对单次降雨的单峰流量过程线直接径流 Q_s 进行分割，公式为

$$q(t)=\frac{10}{R}Q_s(t) \tag{5.2.2}$$

式中：$q(t)$ 为 10 mm 单位线，m^3/s；$Q_s(t)$ 为直接径流过程，m^3/s；R 为本次洪水直接径流量，与一个单位时段的净雨量相等，mm。

例如，某流域有一次洪水，时段长为 3 h，由实测流量过程分割地下水之后得到直接径流过程，直接径流量为 20 mm，原型单位线计算如表 5.2.1 所示。

表 5.2.1　原型单位线计算

时间	实测径流过程	地下径流量	地表径流过程/（m^3/s）	原型单位线/（m^3/s）	时段（$\Delta t=3$ h）
8 月 1 日 2 时	—	—	0	0	0
8 月 1 日 5 时	—	—	80	40	1
8 月 1 日 8 时	—	—	200	100	2

续表

时间	实测径流过程	地下径流量	地表径流过程/(m^3/s)	原型单位线/(m^3/s)	时段（$\Delta t = 3$ h）
8月1日11时	—	—	800	400	3
8月1日14时	—	—	600	300	4
8月1日17时	—	—	200	100	5
8月1日20时	—	—	100	50	6
8月1日23时	—	—	50	25	7
8月2日2时	—	—	20	10	8
8月2日5时	—	—	0	0	9
合计	—	—	2 050	1 025	—

因为该流域的面积 A 是 1 110 km^2，所以单位线的径流量为

$$R = \frac{1}{A}\sum_{i=1}^{9} q_i(t)\Delta t = \frac{1}{1110} \times 1\,025 \times 3 \times 60 \times 60 = 9.97\ (\text{mm}) \tag{5.2.3}$$

与 10 mm 单位线差 0.03 mm，小于 0.1 mm，不必改正。

2）分析法

分析法推求单位线适用于多时段净雨所形成的洪水。由式（5.2.1）可得

$$Q_d(1) = r_{d,1}q_1 \tag{5.2.4}$$

$$Q_d(2) = r_{d,1}q_2 + r_{d,2}q_1 \tag{5.2.5}$$

式（5.2.1）为一个多元线性方程组，求解方程组可得未知变量 $q_1, q_2, \cdots$，最简单的解法是逐一消去法，由式（5.2.4）、式（5.2.5）可解得

$$q_1 = \frac{Q_d(1)}{r_{d,1}} \tag{5.2.6}$$

$$q_2 = \frac{Q_d(2) - r_{d,2}q_1}{r_{d,1}} \tag{5.2.7}$$

如此递推下去，得

$$q_t = \frac{Q_d(t) - \sum_{i=2}^{m} r_{d,i}q_{t-i+1}}{r_{d,1}} \tag{5.2.8}$$

计算实例见表 5.2.2，为计算方便，先计算 $r_{d,i}q_{t-i+1}$，再换算为 q_t。

表 5.2.2　单位线计算实例

时间	t	$Q_d(t)$ /（m³/s）	$r_{d,t}$	部分径流过程/（m³/s）		q_t 计算值 /（m³/s）	q_t 修正值 /（m³/s）	$Q_d(t)$ 计算值 /（m³/s）
				$r_{d,1}q_t$	$r_{d,2}q_{t-1}$			
7 日 6 时	0	0		0		0	0	0
7 日 12 时	1	186	24.5	186	0	76	76	186
7 日 18 时	2	667	20.3	513	154	210	210	668
8 日 0 时	3	1 935		1 510	425	617	617	1 940
8 日 6 时	4	2 450		1 200	1 250	490	490	2 450
8 日 12 时	5	1 900		910	990	372	355	1 860
8 日 18 时	6	1 280		625	755	214	240	1 310
9 日 0 时	7	850		415	435	170	155	807
9 日 6 时	8	554		210	344	88	105	571
9 日 12 时	9	400		221	179	90	73	302
9 日 18 时	10	277		94	183	38	52	276
10 日 0 时	11	202		124	78	51	38	199
10 日 6 时	12	142		39	103	16	22	131
10 日 12 时	13	80		48	32	20	12	74
10 日 18 时	14	40		0	40	0	0	24
11 日 0 时	15	0			0			0
合并（径流深）		44.8 mm					10 mm	44.7 mm

以上直接代数进行求解可以得出正确的唯一解。实际上，还需要考虑单位线实测资料的观测与分析误差，因此直接代数进行求解会面临误差不断积累的现象，从过程线尾部递推分析计算及斜线图解法等方法，可用来解决单位线过程曲线的求解问题。

3）试错法

对比推流过程与实测出流量过程曲线，当两者最接近时，所假设的单位线即为所求。单位线的初始值，可采用原型单位线，或者其他洪水已经分析出来的结果、斜线分割法的结果，也可以任意假定。试错法单位线计算见表 5.2.3。

表 5.2.3　试错法单位线计算

时间	$Q_d(t)$ /（m^3/s）	$r_{d,t}$	t	初始单位线 q_t /（m^3/s）	初始单位线求得的部分径流过程/（m^3/s）				初始单位线求得的 $Q_d(t)$ /（m^3/s）	试错后的单位线 q_t /（m^3/s）	试错后的单位线求得的部分径流过程/（m^3/s）				试错后的单位线求得的 $Q_d(t)$ /（m^3/s）
					$r_{d,1}q_t$	$r_{d,2}q_{t-1}$	$r_{d,4}q_{t-3}$	$r_{d,5}q_{t-4}$			$r_{d,1}q_t$	$r_{d,2}q_{t-1}$	$r_{d,4}q_{t-3}$	$r_{d,5}q_{t-4}$	
2005-07-06 11:00	0		0	0					0	0					0
2005-07-06 17:00	0	3.8	1	76	29				29	0	0				0
2005-07-06 23:00	50	3.9	2	210	80	30			110	500	190	0			190
2005-07-07 05:00	252	0.0	3	617	234	82			316	685	260	195			455
2005-07-07 11:00	662	27.3	4	490	186	241	207		634	470	179	267	0		446
2005-07-07 17:00	1 700	2.9	5	355	135	191	573	22	921	280	106	183	1 365	0	1 650
2005-07-07 23:00	2 210		6	240	91	138	1 684	61	1 974	195	74	109	1 870	145	2 200
2005-07-08 05:00	1 630		7	155	59	94	1 338	179	1 670	125	48	76	1 283	199	1 610
2005-07-08 11:00	1 020		8	105	40	60	969	142	1 211	85	32	49	764	136	981
2005-07-08 17:00	650		9	73	28	41	655	103	827	60	23	33	532	81	669
2005-07-08 23:00	440		10	52	20	28	423	70	541	35	13	23	341	56	433
2005-07-09 05:00	290		11	38	14	20	287	45	366	15	6	14	232	36	288
2005-07-09 11:00	190		12	22	8	15	199	30	252	0	0	6	164	25	195
2005-07-09 17:00	100		13	12	5	8	142	21	176			0	96	17	113
2005-07-09 23:00	40		14	0	0	5	104	15	124				41	10	51
2005-07-10 05:00	0				0	60	11	71					0	4	4
2005-07-10 11:00						33	6	39						0	0
2005-07-10 17:00						0	3	3							
2005-07-10 23:00							0	0							
合并（径流深）	37.9 mm	37.9 mm		10.0 mm					37.9 mm	10.0 mm					37.9 mm

4）汇流曲线分析法

从实测资料分析，单位线可以代表一次洪水的平均情况。由于实测的径流过程曲线 Q-t 是净雨经过流域汇流的结果，分析得到的汇流曲线必然反映一次洪水过程的影响因素。决定汇流曲线的因素，主要是流域自然地理特性及河槽水力条件。前者可以认为基本不变，后者主要为汇流速度 C 及调蓄作用，只有当 C 及调蓄作用恒定时，才能符合单位线不变的假定。图 5.2.2 表示净雨在面上分布不均匀，单位线随着汇流速度 C 变化的规律，高强度降雨下，净雨汇集快，河槽汇流速度 C 快，形成洪峰流量 q_p 大的洪水，相应地，单位线也陡峻；反之，则滞缓。

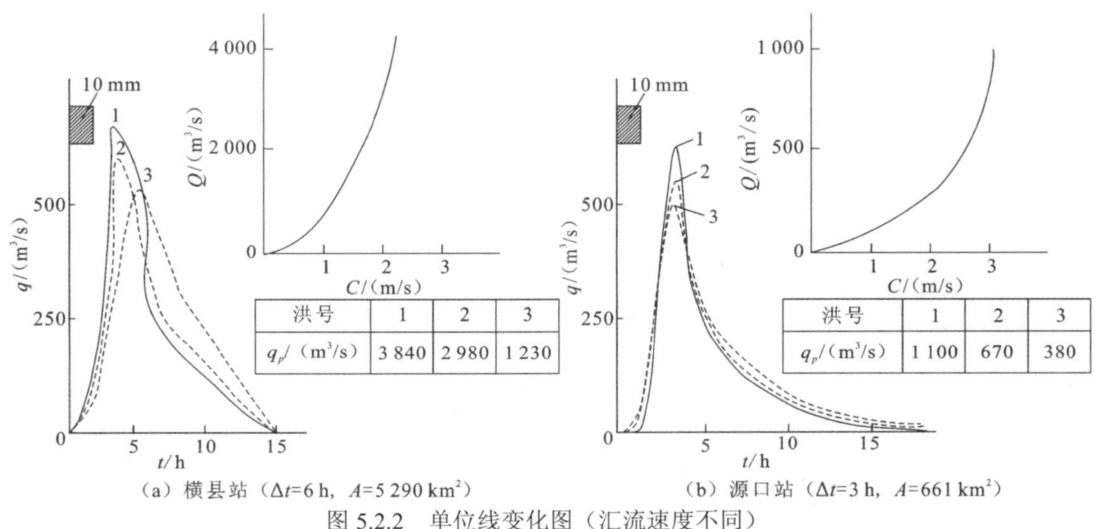

洪号	1	2	3
q_p/（m³/s）	3 840	2 980	1 230

（a）横县站（Δt=6 h，A=5 290 km²）

洪号	1	2	3
q_p/（m³/s）	1 100	670	380

（b）源口站（Δt=3 h，A=661 km²）

图 5.2.2　单位线变化图（汇流速度不同）

5.2.2　单位线的时段转换

如图 5.2.3 所示，原单位线总历时为 T，现推求时段长为 $2T$ 的单位线：首先，将单位线滞后 T h，然后与原单位线相加（线性假定），将该过程线的纵坐标除以 2 即得时段长为 $2T$ 的单位线；该单位线的峰值应等于图示两单位线的交点。

由此，对于一个给定的流域综合单位线，或者为了将不同地区的单位线综合，需将不同时段长的单位线换算为同一时段，为此提出单位线的累积曲线 $S(t)$：

$$S(t)=\int_0^t q(\Delta t,t)\,\mathrm{d}t \tag{5.2.9}$$

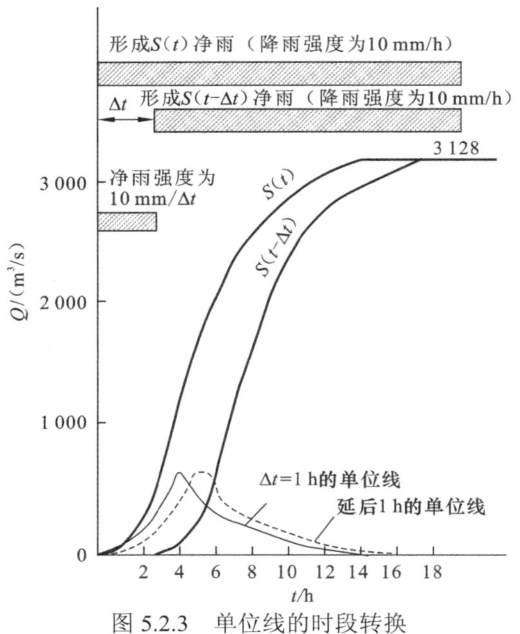

图 5.2.3　单位线的时段转换

设原单位线的时段长为 Δt_0，现欲求时段长为 Δt 的单位线，可把两条时段长为 Δt_0 的单位线的 $S(t)$ 绘在同一图上，并错开欲求单位线的时段长 Δt（图 5.2.4），则两条 $S(t)$ 间的纵距就是时段长为 Δt 的净雨量所形成的出流过程，出流量为 $\frac{\Delta t}{\Delta t_0}$ 倍单位净雨深，故各时段纵坐标乘以 $\frac{\Delta t_0}{\Delta t}$，即为 Δt 时段 10 mm 净雨量的单位线，其表达式为

$$q(\Delta t,t)=\frac{\Delta t_0}{\Delta t}[S(t)-S(t-\Delta t)] \tag{5.2.10}$$

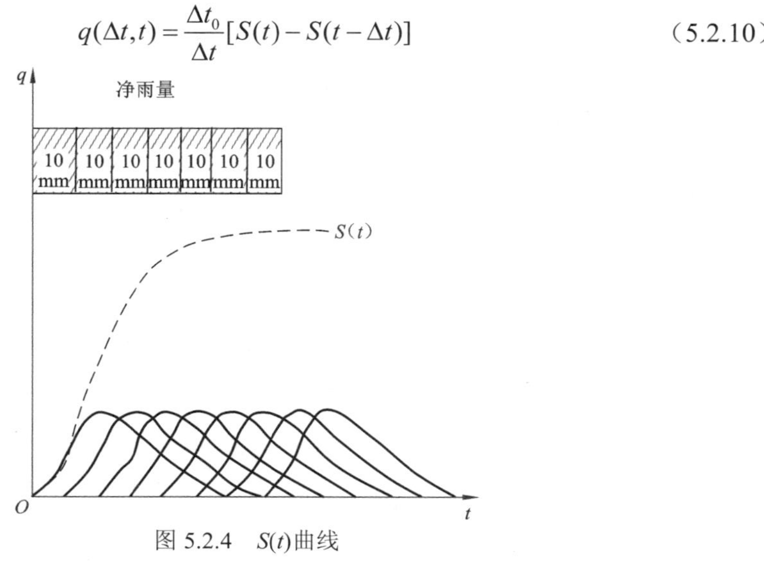

图 5.2.4　$S(t)$曲线

单位线时段转换过程参考表 5.2.4。

表 5.2.4　单位线时段转换算例

t/h	$q(t)(\Delta t=2\ \mathrm{h})$	部分径流过程				合计	$S(t)(\Delta t=2\ \mathrm{h})$	1 h 单位线（$\Delta t=1$ h）		3 h 单位线（$\Delta t=3$ h）			5 h 单位线（$\Delta t=5$ h）		
								$S(t-\Delta t)$	$q(1,t)=S(t)-S(t-\Delta t)$	$S(t-\Delta t)$	$S(t)-S(t-\Delta t)$	$q(3,t)$	$S(t-\Delta t)$	$S(t)-S(t-\Delta t)$	$q(5,t)$
0	0					0	0		0		0	0		0	0
1							80	0	80		80	27		80	16
2	130	0				130	260	80	180		260	87		260	52
3							700	260	440	0	700	233		700	140
4	550	130	0			680	1 360	700	660	80	1 280	427		1 360	272
5							1 790	1 360	430	260	1 530	510	0	1 790	358
6	380	350	130	…		1 060	2 120	1 790	330	700	1 420	473	80	2 040	408
7							2 380	2 120	260	1 360	1 020	340	260	2 120	424
8	236	380	550	…	…	1 296	2 592	2 380	212	1 790	802	267	700	1 892	378
9							2 750	2 592	158	2 120	630	210	1 360	1 390	278
10	147	236	380	…	…	1 443	2 386	2 750	-364	2 380	6	169	1 790	596	219
11							2 980	2 386	594	2 592	388	129	2 120	860	172
12	85	147	236	…	…	1 528	3 056	2 980	76	2 750	306	102	2 380	676	135
13							3 096	3 056	40	2 386	710	70	2 592	504	101
14	36	85	147	…	…	1 564	3 128	3 096	32	2 980	148	49	2 750	378	76
15							3 128	3 128	0	3 056	72	24	2 886	242	48
16	0	36	85	…	…	1 564	3 128	3 128		3 096	32	11	2 980	148	30
17							3 128	3 128		3 128	0	0	3 056	72	14
18		0	36	…	…	1 564	3 128	3 128		3 128			3 096	32	6
19							3 128	3 128		3 128			3 128	0	0
20			0	…	…		3 128	3 128		3 128			3 128		

注：$S(t)$的净雨强度为 10 mm/h，各单位线时段净雨量为 10 mm。

5.2.3 单位线的综合

按各次洪水的单位线可求出平均单位线（图 5.2.5）。

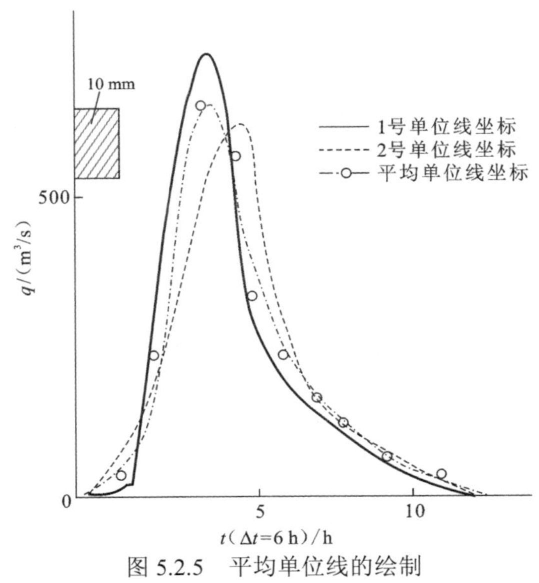

图 5.2.5 平均单位线的绘制

与平均单位线一起绘制时，为考虑河槽汇流速度的变化，可按洪量或降雨强度大小对单位线进行分类，并将洪峰流量 q_p、径流总量 R_d 或平均降雨强度作为参数（图 5.2.6）。

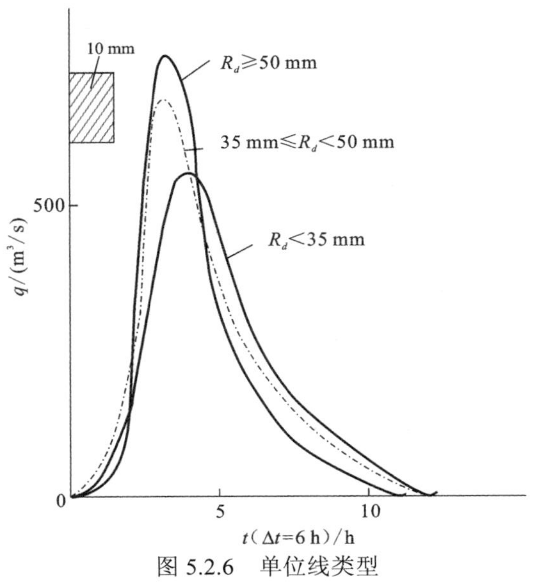

图 5.2.6 单位线类型

5.2.4　地貌单位线

1. 理论基础

地貌单位线假设流域蓄水量$W(t)$与净雨量I_0、流域滞时T_B^i之间的关系式为

$$W(t)=\frac{I_0}{r}\sum_{i=1}^{r}I_{(t,\infty)}(T_B^i) \tag{5.2.11}$$

式中：$\sum_{i=1}^{r}I_{(t,\infty)}(T_B^i)$为指标函数，当$T_B^i>1$时，其值为 1，否则为 0。该关系主要来源于：①等概率，假定净雨量I_0是由r个体积为u_0的水质点组成的，即$I_0=ru_0$，且各水质点相互独立、相等概率地降落在流域上；②类似单位线特征，以T_B^i表示第i个水质点在流域中的滞留时间，则t时刻出口断面的流量是t时刻流到出口断面的水质点之和，而滞留时间大于t的水质点却是t时刻流域蓄水量$W(t)$的一部分。

事实上，r无穷大，且T_B^i具有独立性、等可能性，故根据大数定律，必有

$$\frac{1}{r}\sum_{i=1}^{r}I_{(t,\infty)}(T_B^i)=E[I_{(t,\infty)}(T_B^i)]=P\{T_B\geqslant t\}=1-P\{T_B<t\} \tag{5.2.12}$$

式中：$E(\cdot)$为数学期望；$P\{T_B\geqslant t\}$为事件$\{T_B\geqslant t\}$发生的概率；$P\{T_B<t\}$为事件$\{T_B<t\}$发生的概率；T_B为滞留时间。

将式（5.2.12）代入式（5.2.11），整理得

$$W(t)=I_0[1-F_B(t)] \tag{5.2.13}$$

式中：$F_B(t)$为T_B的累积分布函数。

对于仅在 0 时刻有净雨量瞬时注入流域的情况，根据流域汇流阶段的水量平衡方程：

$$I(t)-Q(t)=\frac{\mathrm{d}W(t)}{\mathrm{d}t} \tag{5.2.14}$$

可知

$$\frac{\mathrm{d}W(t)}{\mathrm{d}t}=-Q(t),\quad t>0 \tag{5.2.15}$$

式中：$I(t)$为流域净雨量关于时间的函数。将式（5.2.13）代入式（5.2.15），整理得

$$Q(t)=I_0f_B(t),\quad t>0 \tag{5.2.16}$$

式中：$f_B(t)$为滞留时间T_B的概率密度函数，$f_B(t)=\frac{\mathrm{d}F_B(t)}{\mathrm{d}t}$。

根据流域瞬时单位线的定义，由式（5.2.16）可得

$$u(t)=\frac{Q(t)}{I_0}=f_B(t) \tag{5.2.17}$$

式中：$u(t)$为流域瞬时单位线函数。

按式（5.2.17），流域瞬时单位线问题可以转化为确定水质点在流域中滞留时间的概率密度函数。

2. 地貌瞬时单位线公式

降落在流域上某处的水质点可沿不同路径流至流域出口断面。若某路径s由状态

$x_1, x_2, \cdots, x_k$ 构成，即由流域汇流的物理顺序集合而成，记作 $s=(x_1, x_2, \cdots, x_k)$，且水质点在每个状态滞留的时间为 T_{x_i}，$i=1,2,\cdots,k$，则水质点流经该路径到达流域出口断面花费的时间 T_s 可以表达为

$$T_s = T_{x_1} + T_{x_2} + \cdots + T_{x_k} \tag{5.2.18}$$

因此，

$$T_B = \sum_{s \in S} T_s I_s \tag{5.2.19}$$

式中：I_s 为指标函数，当水质点选择路径 s 时，其值为 1，否则为 0；S 为所有路径的集合。

$$\begin{aligned} F_B(t) &= P\{T_B < t\} \\ &= \sum_{s \in S} P\{T_B > t\} F_{x_1} p(s) \\ &= \sum_{s \in S} F_s(t) p(s) \end{aligned} \tag{5.2.20}$$

式中：$F_s(t)$ 为 T_s 的累积分布函数；$p(s)$ 为路径概率；F_{x_1} 为 T_{x_1} 的累积分布函数。

由于各状态之间相互独立，可导出：

$$\begin{cases} F_B(t) = \sum_{s \in S} F_{x_1} * F_{x_2} * \cdots * F_{x_k}(t) p(s) \\ p(s) = \pi_{x_1} p_{x_1 x_2} p_{x_2 x_3} \cdots p_{x_{k-1} x_k} \end{cases} \tag{5.2.21}$$

式中：$*$ 为卷积符号；F_{x_i} 为 T_{x_i} 的累积分布函数；π_{x_1} 为水质点处于初始状态的概率，简称初始概率；$p_{x_{i-1} x_i}$，$i=1,2,\cdots,k$ 为水质点从状态 x_{i-1} 到状态 x_i 的转移概率。

由式（5.2.21）可以求得 $f_B(t)$ 为

$$f_B(t) = \frac{\mathrm{d}F_B(t)}{\mathrm{d}t} = \sum_{s \in S} f_{x_1} * f_{x_2} * \cdots * f_{x_k}(t) p(s) \tag{5.2.22}$$

式中：f_{x_i} 为 T_{x_i} 的概率密度函数。式（5.2.22）即为导出的地貌瞬时单位线公式。

5.3 地下径流汇流计算

进行降雨径流预报的经验方案与水文模型中的地下水汇流计算有所不同。经验方案 $P+P_a-R$ 中 R 是直接径流量，只能在预报出直接径流过程 $Q_s(t)$ 后加上基流，实际上经验方案没有考虑地下径流的产流过程。在水文模型如新安江模型、TOPMODEL 中有系统的地下径流产流和汇流的计算方法，汇流一般采用线性水库模型。这里针对地下水的汇流进行一些补充。

地下径流的水量平衡方程和蓄泄关系可以表示为

$$\begin{cases} I_g - Q_g = \dfrac{\mathrm{d}W_g}{\mathrm{d}t} \\ W_g = K_g Q_g \end{cases} \tag{5.3.1}$$

式中：I_g 为地下水线性水库的入流量；Q_g 为地下水线性水库的出流量；W_g 为地下水线性水库的蓄水量；K_g 为地下水线性水库的蓄泄常数。

当已知 I_g 时，解式（5.3.1），可得地下水径流过程值，常用的方法为马斯京根法、出流系数法。

5.3.1　马斯京根法

当 $x=0$（x 为比重系数）时，马斯京根法就成为线性水库法，演算系数如下：

$$Q_{g_2}=C_0(I_{g_2}+I_{g_1})+C_2Q_{g_1} \tag{5.3.2}$$

式中：C_0、C_2 为流量演算系数；I_{g_1}、I_{g_2} 分别为计算时段始末的河段入流量，$\mathrm{m^3/s}$；Q_{g_1}、Q_{g_2} 分别为计算时段始末的河段出流量。

其中，

$$\begin{cases} C_0=\dfrac{0.5\Delta t}{0.5\Delta t+K_g} \\ C_2=\dfrac{K_g-0.5\Delta t}{K_g+0.5\Delta t} \end{cases} \tag{5.3.3}$$

式中：Δt 为计算时段长；K_g 为蓄泄常数。

在二水源新安江模型中，稳定下渗量 F_c 就是 I_g，有

$$Q_{g_2}=C_0(F_{c_2}+F_{c_1})+C_2Q_{g_1} \tag{5.3.4}$$

式中：F_{c_1}、F_{c_2} 分别为计算时段始末的稳定下渗量，与河段入流量相等，$\mathrm{m^3/s}$。

在三水源新安江模型中，划分水源后的地下径流产流量 RG 就是 I_g，有

$$Q_{g_2}=C_0(\mathrm{RG}_2+\mathrm{RG}_1)+C_2Q_{g_1} \tag{5.3.5}$$

式中：RG_1、RG_2 分别为计算时段始末的地下径流产流量。

5.3.2　出流系数法

$$\bar{Q}=WK_p \tag{5.3.6}$$

式中：$\bar{Q}$ 为地下水出流量的时段均值；W 为地下水蓄水量的时段初值；K_p 为时段出流系数。

以下推导 K_p 的计算式。以退水段为例，Δt 时段内蓄水量的变化 ΔW 即时段内地下水流出流量，据此得

$$\Delta W=\bar{Q}\Delta t=W_t-W_{t-1} \tag{5.3.7}$$

式中：W_t 为 t 时段蓄水量；W_{t-1} 为 $t-1$ 时段蓄水量。

令 $\Delta t=1$，$\bar{Q}=W_t-W_{t-1}=W_t\left(1-\dfrac{W_{t-1}}{W_t}\right)=W_t(1-K_r)$，可推导出

$$K_p = 1 - K_r \tag{5.3.8}$$

式中：K_r 为相邻时段地下水蓄水量的比值。

因此，可由 K_r 推求 K_p。$K_r = \dfrac{Q_{t+1}}{Q_t} = \mathrm{e}^{-\frac{1}{K_g}}$（$Q_t$ 为 t 时刻的流量），用级数展开，并根据式（5.3.8）可得

$$K_p = \frac{1}{K_g} - \frac{2}{2K_g^2} + \frac{1}{6K_g^3} - \cdots \tag{5.3.9}$$

由式（5.3.9）可见，K_p 也可以由蓄泄常数 K_g 推出。由于 K_g 较大，可略去高次项，一般取 1～2 项即可。

采用 $\bar{Q} = WK_p$ 进行地下径流计算，除了要确定参数 K_p 之外，最关键的是要确定 W，起始的地下水蓄水量用起始流量 Q_0 来确定：

$$W_{g,0} = K_g Q_0 \tag{5.3.10}$$

$$Q_{g,t} = K_p W_{g,t} \tag{5.3.11}$$

式中：$Q_{g,t}$ 为 t 时段地下水出流量；$W_{g,t}$ 为 t 时段地下水蓄水量；$W_{g,0}$ 为初始时段地下水蓄水量。

地下水蓄水量的递推算法为

$$W_{g,t+1} = W_{g,t} + (I_{g,t} + I_{g,t+1} - Q_{g,t})\Delta t \tag{5.3.12}$$

式中：$W_{g,t+1}$、$I_{g,t+1}$ 分别为 t+1 时段地下水蓄水量和地下水入流量；$I_{g,t}$ 为 t 时段地下水入流量。

5.4　流域汇流计算

流域汇流计算中主要考虑在水文模型、经验方案中采用的流域汇流方法，如新安江模型把流域分为多个单元流域，在每个单元流域进行产汇流计算后，把单元流域的出流通过河道演算到流域出口之后线性叠加起来即得流域的总出流；经验方案的流域汇流计算多采用单位线法。水文模型和经验方案划分单元流域的方法有很大不同，前者可以划分得小一些，甚至可以是正交的网格，但后者却不是这样。

对于无资料地区而言，需要分情况讨论：①源头流域大多属于自然流域，可以将其他有资料的流域的单位线进行综合，然后用到无资料的流域。②对于相互影响比较小的区间流域，区间流域的汇流也基本上是自然出流，可以采用相邻站点演算以后的流量与区间流量间的线性水量平衡关系式来分析。还需要注意到，一些干支流相互影响很大的区间流域，需要考虑其非线性特征。③对于相互影响比较大的区间流域，干支流相互影响很大，属于非线性系统，无法采用线性水量平衡关系式求出区间流量过程。一般，假定区间流域的单位线后，以预报流量最优为目标来调试区间流域的单位线。对于无资料的流域，除了上面提出的单位线综合和一致区参数移用外，还可以通过用流域 DEM 推求瞬时地貌单位线的方法进行汇流计算。

第6章

河段洪水预报

6.1 相应水位（流量）预报

相应水位是指河段上、下游站同相位的水位。相应水位（流量）预报，简要地说就是用某时刻上游站的水位（流量）预报一定时间（如传播时间）后下游站的水位（流量）。相应水位（流量）预报就是研究河段上、下游断面相应水位间和水位与传播速度之间的定量规律，建立相应水位间的相关关系来开展预报。

6.1.1 无支流河段水位（流量）预报

1. 基本原理

当洪水沿河道自上游向下游演进时，由于存在附加比降，会引起洪水波的不断变形，表现为两种形态，即洪水波的推移和坦化。

设在某一不太长的河段中，上、下游站间的河段长度为L，t 时刻上游站流量为$Q_{u,t}$，经过传播时间τ后，下游站流量为$Q_{l,t+\tau}$，若无旁侧入流，上、下游站相应流量的关系为

$$Q_{l,t+\tau}=Q_{u,t}-\Delta Q \tag{6.1.1}$$

式中：ΔQ为上、下游站相应流量的差值，反映洪水波变形中的坦化作用。

如在传播时间τ内，河段有旁侧入流，并在下游站$t+\tau$时刻形成$q_{t+\tau}$的流量，则

$$Q_{l,t+\tau}=Q_{u,t}-\Delta Q+q_{t+\tau} \tag{6.1.2}$$

洪水波变形引起的传播速度变化，实质上是反映洪水波的推移作用。

先假定最简单的情况，即不计ΔQ，又无$q_{t+\tau}$，则

$$Q_{l,t+\tau}=Q_{u,t} \tag{6.1.3}$$

设水位-流量$(Z\text{-}Q)$关系为

$$Q=aZ^{m}i^{1/2} \tag{6.1.4}$$

将式（6.1.4）代入式（6.1.3）得

$$a_l Z_{l,t+\tau}^{m_l} i_l^{1/2}=a_u Z_{u,t}^{m_u} i_u^{1/2} \tag{6.1.5}$$

$$Z_{l,t+\tau}^{m_l}=\frac{a_u}{a_l}\left(\frac{i_u}{i_l}\right)^{1/2}Z_{u,t}^{m_u}=\frac{a_u}{a_l}\left(\frac{i_{0,u}+i_{\Delta,u}}{i_{0,l}+i_{\Delta,l}}\right)^{1/2}Z_{u,t}^{m_u} \tag{6.1.6}$$

式中：i_u、i_l分别为上、下游站的水面比降；$i_{0,u}$、$i_{0,l}$分别为上、下游站恒定流时的水面比降；$i_{\Delta,u}$、$i_{\Delta,l}$分别为上、下游站的附加比降；a_u、m_u为上游站水位-流量关系的系数和指数；a_l、m_l为下游站水位-流量关系的系数和指数；$Z_{u,t}$、$Z_{l,t+\tau}$分别为上、下游在t和$t+\tau$时刻的河段水位。由式（6.1.6）可知，当$a_u=a_l$，$i_u=i_l$，$m_u=m_l$时，相应水位关系为一条单一的45°直线；对于其他情况，相应水位关系为曲线关系并且随着附加比降的变化而变动。

传播时间是洪水波由上游站运动到下游站所需的时间。其基本公式为

$$\tau=\frac{L}{u} \tag{6.1.7}$$

式中：τ 为传播时间；L 为上、下游站间距；u 为波速。

在棱柱形河道里洪水波波速 u 与断面平均流速 $\bar{v}$ 间的关系为

$$u=\lambda\bar{v} \tag{6.1.8}$$

式中：λ 为断面形状系数，或称波速系数，它取决于断面形状和流速计算公式，不同断面的波速系数数值表见表 6.1.1。

表 6.1.1　波速系数数值表

断面形状	曼宁公式 $\bar{v}=\frac{1}{n}R^{2/3}S^{1/2}$	谢才公式 $\bar{v}=C\sqrt{RS}$
矩形	1.67	1.50
抛物线形	1.44	1.33
三角形	1.33	1.25

注：n 为粗糙系数；R 为水力半径；S 为比降；C 为谢才系数。

因此，传播时间可按式（6.1.9）推求：

$$\tau=L/(\lambda\bar{v}) \tag{6.1.9}$$

在无旁侧入流的天然棱柱形河道中，对于固定河段，洪水波在运动中的变形随水深及附加比降的不同而不同。式（6.1.1）、式（6.1.2）中的 ΔQ 及 τ 是水位和附加比降的函数，即 $Q_{l,t+\tau}$ 和 τ 均依 Z 、比降的大小等因素而定。在相应水位（流量）预报中，主要推求上游站流量（水位）与下游站流量（水位）及传播时间的近似函数关系，即

$$Q_{l,t+\tau}=f(Q_{u,t},Q_{l,t}) \tag{6.1.10}$$

或

$$Q_{l,t+\tau}=f(Q_{u,t}) \tag{6.1.11}$$

$$\tau=f(Q_{u,t},Q_{l,t}) \tag{6.1.12}$$

或

$$\tau=f(Q_{u,t}) \tag{6.1.13}$$

2. 应用示例

当水流大体已汇集于河槽时，下游站来水主要来自上游。汇流河段冲淤变化不大，又没有回水顶托等外界因素影响，影响洪水波传播的因素较单纯，上、下游站相应水位过程起伏变化较一致，在上、下游站的水位（流量）过程线上，常常容易找到相应的特征点：峰谷和涨落洪段的反曲点等，如图 6.1.1 所示。利用这些特征点的水位（流量）即可制作预报曲线图。从河段上、下游站实测水位资料中摘录相应的洪峰水位值及其出现时间，就可以点绘相应的洪峰水位（流量）关系曲线及其传播时间曲线：

$$Z_{m,l,t+\tau}=f(Z_{m,u,t}) \tag{6.1.14}$$

$$\tau=f(Z_{m,u,t}) \tag{6.1.15}$$

式中：$Z_{m,u,t}$ 为上游站 t 时刻洪峰水位；$Z_{m,l,t+\tau}$ 为下游站 $t+\tau$ 时刻洪峰水位。

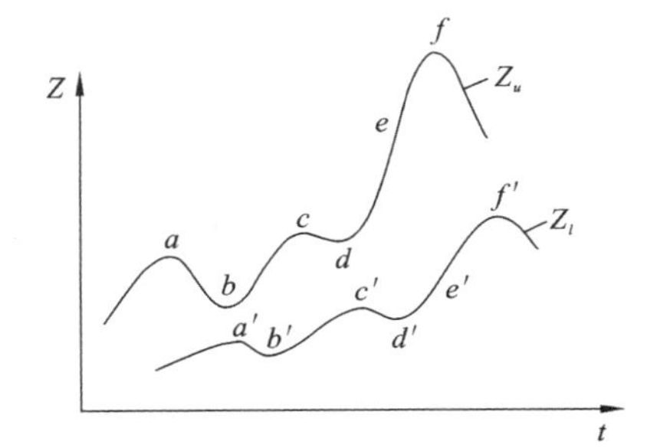

图 6.1.1　某河段上、下游站相应水位过程线

Z_u、Z_l为上、下游站水位

6.1.2　有支流河段水位（流量）预报

有支流河段的洪峰水位预报，通常选取影响较大的支流的相应水位（流量）为参数，建立上、下游站洪峰水位关系曲线，其通式为

$$Z_{m,l,t}=f(Z_{m,u,t-\tau},Z_{1,t-\tau_1}) \quad (6.1.16)$$

式中：$Z_{m,l,t}$为t时刻下游站洪峰水位；$Z_{m,u,t-\tau}$为$t-\tau$时刻上游站洪峰水位；$Z_{1,t-\tau_1}$为$t-\tau_1$时刻支流站的相应水位；τ_1为达到支流站水位所需的传播时间。当有两条支流汇集时，可建立以两条支流相应水位为参数的关系曲线，其通式为

$$Z_{m,l,t}=f(Z_{m,u,t-\tau},Z_{1,t-\tau_1},Z_{2,t-\tau_2}) \quad (6.1.17)$$

式中：τ_1、τ_2分别为各支流站传播时间；$Z_{2,t-\tau_2}$为$t-\tau_2$时刻另一支流站的相应水位。如果支流较多，宜采用合成流量法。

6.2　河段流量演算

6.2.1　河段水量平衡方程式与槽蓄关系

1. 圣维南方程组及其简化

最早描述非恒定流的基本方程组是法国工程师圣维南（Saint-Venant）于 1871 年提出的（即圣维南方程组）。当无旁侧入流时，其形式为

$$\frac{\partial A}{\partial t}+\frac{\partial Q}{\partial L}=0 \quad (6.2.1)$$

$$-\frac{\partial Z}{\partial L}=S_f+\frac{1}{g}\frac{\partial \overline{v}}{\partial t}+\frac{\overline{v}}{g}\cdot\frac{\partial \overline{v}}{\partial L} \quad (6.2.2)$$

式中：A为过水断面面积，m^2；Q为过水断面流量，m^3/s；L为河段长度，m；Z为水

位，m；$\bar{v}$ 为断面平均流速，m/s；g 为重力加速度，m/s^2；S_f 为摩阻比降，用曼宁公式计算，通常表示为 Q^2/K^2，K 为流量模数。

式（6.2.1）称为连续方程，反映质量守恒，式（6.2.2）称为动力方程，是以牛顿第二定律为基础建立起来的，反映能量守恒。$-\dfrac{\partial Z}{\partial L}$ 为水面比降，为河底比降（S_0）与附加比降（$S_\Delta=-\dfrac{\partial h}{\partial L}$，$h$ 是水深）之和。S_f 为摩阻比降，表示沿程摩阻损失，克服阻力做功。$\dfrac{1}{g}\dfrac{\partial \bar{v}}{\partial t}+\dfrac{\bar{v}}{g}\dfrac{\partial \bar{v}}{\partial L}$ 为惯性项，说明流速随时间和沿程的变化，反映动能的变化。

2. 水量平衡方程和槽蓄方程

式（6.2.1）实质上就是河段水量平衡方程。若将连续方程沿河长积分，则可得水文上常用的公式：

$$I-O=\frac{\mathrm{d}W}{\mathrm{d}t} \tag{6.2.3}$$

式中：I、O、W 分别为河段的入流量、出流量和槽蓄量。

经过分析和推导可以得到

$$W=f(\bar{Q},S) \tag{6.2.4}$$

式中：S 为比降；$\bar{Q}$ 为河段平均流量。

当河段平均流量用入流量 I 和出流量 O 表示时，有

$$W=f(O,I) \tag{6.2.5}$$

式（6.2.5）是河段槽蓄量与流量之间的蓄泄关系，常表现为槽蓄曲线。

6.2.2　马斯京根法演算

1. 马斯京根法流量演算

马斯京根法基于如下槽蓄方程：

$$W=K_m[xI+(1-x)O]=K_mQ' \tag{6.2.6}$$

式中：Q' 为示储流量，m^3/s；K_m 为槽蓄量-流量关系曲线的坡度，h，可视为常数；x 为流量比重系数。

对水量平衡方程式（6.2.3）和马斯京根法的槽蓄方程式（6.2.6）在第 1、2 时段差分并进行求解，可得

$$O_2=C_0I_2+C_1I_1+C_2O_1 \tag{6.2.7}$$

其中，

$$\begin{cases} C_0 = \dfrac{0.5\Delta t - K_m x}{0.5\Delta t + K_m - K_m x} \\ C_1 = \dfrac{0.5\Delta t + K_m x}{0.5\Delta t + K_m - K_m x} \\ C_2 = \dfrac{-0.5\Delta t + K_m - K_m x}{0.5\Delta t + K_m - K_m x} \end{cases} \tag{6.2.8}$$

且

$$C_0 + C_1 + C_2 = 1 \tag{6.2.9}$$

式中：C_0、C_1、C_2为流量演算系数；I_1、I_2为第 1、2 时段的入流量；O_1、O_2为第 1、2 时段的出流量。

对于一个河段，只要确定参数K_m、x，并选定演算时段Δt后，就可以求出C_0、C_1、C_2，根据上断面流量过程和下断面起始流量，计算下断面流量过程。

2. 参数的物理意义

马斯京根法假定K_m和x都是常数，这就要求Q'和槽蓄量W呈单一线性关系。而只有在此槽蓄量下的Q'等于该槽蓄量所对应的恒定流流量Q_0时才能满足这一要求，即$Q' = Q_0$，这是Q'的物理意义。

K_m是槽蓄量-流量关系曲线的坡度，即$K_m = \dfrac{dW}{dQ'} = \dfrac{dW}{dQ_0}$，由此可见，$K_m$等于在相应槽蓄量$W$下恒定流状态的河段传播时间$\tau_0$，这是$K_m$的物理概念。显然，$K_m$随恒定流流量的变化而变化，取$K_m$为常数是有误差的。

在建立槽蓄曲线时，马斯京根法引进了流量比重系数x的概念，而特征河长法引进了特征河长l的概念，两者都是为了实现槽蓄关系的单值化，必然有内在联系。经过分析，x与特征河长l的关系为

$$x = x_1 - \frac{l}{2L} \tag{6.2.10}$$

式中：x_1为水面曲线的形状系数；L为河段长度。

如水面为直线，则$x_1 = \dfrac{1}{2}$，式（6.2.10）可写为

$$x = \frac{1}{2} - \frac{l}{2L} \tag{6.2.11}$$

由此可见，x由两部分组成：一是x_1，代表水面曲线的形状，反映楔蓄的大小；二是L/l，即河段按特征河长所分成的段数$k = L/l$，反映河段的调蓄能力。

3. 参数的确定

1）试算法确定 K_m、x

以沅水沅陵至王家河段为例，说明如何采用试算法确定参数。对于 1968 年 9 月 20 日洪水，取时段长$\Delta t = 6\,\text{h}$。河段传播时间为 12 h，则本次洪水上断面自 20 日 8 时起至

23 日 2 时止，下断面自 20 日 8 时起至 23 日 14 时止，马斯京根法相关数据见表 6.2.1。上断面入流总量为 39 380 单位，一个单位为 21 600 m^3，下断面出流总量为 40 590 单位，差额为 1 210 单位，约占入流总量的 3.1%。此量不太大，可作为区间入流 q 或误差，并近似地按入流量 I 的比例分配到各时段，即每个 I 乘以 1.031 得 $I+q$。然后求 $I+q-O$，再求相邻时刻的 $I+q-O$ 的平均值，就得到了时段内的槽蓄增量 ΔW，假定起始时刻 20 日 20 时的槽蓄量为 0，累加各个 ΔW，就可以求得各时刻的槽蓄量 W。

表 6.2.1　马斯京根法相关数据表

时间	I	O	$I+q$	$I+q-O$	ΔW	W	Q'	
							$x=0.40$	$x=0.45$
20 日 8 时	2 050		2 114					
20 日 14 时	2 860		2 949					
20 日 20 时	4 300	2 100	4 433	2 333		0	2 980	3 090
21 日 2 时	4 820	3 250	4 969	1 719	2 026	2 026	3 878	3 957
21 日 8 时	4 700	4 620	4 846	226	973	2 999	4 652	4 656
21 日 14 时	4 350	4 900	4 485	−415	−95	2 904	4 680	4 653
21 日 20 时	3 750	4 680	3 866	−814	−615	2 289	4 308	4 262
22 日 2 时	3 200	4 260	3 299	−961	−888	1 401	3 836	3 783
22 日 8 时	2 700	3 700	2 784	−916	−939	462	3 300	3 250
22 日 14 时	2 400	3 300	2 474	−826	−871	−409	2 940	2 895
22 日 20 时	2 200	2 920	2 268	−652	−739	−1 148	2 632	2 596
23 日 2 时	2 050	2 550	2 114	−436	−544	−1 692	2 350	2 325
23 日 8 时		2 210						
23 日 14 时		2 100						
合计	39 380	40 590						

注：表中数据四舍五入到个位。

令 $Q'=xI+(1-x)O$，假定 $x=0.40$ 或 0.45，分别求得 Q' 与 W 并进行作图，具体见图 6.2.1。由图 6.2.1 可见，当 $x=0.45$ 时，涨落洪段基本合拢，关系大体单一，可定为直线，其坡度为 $\dfrac{\Delta W}{\Delta Q'}=2$，即 $2\Delta t=12\text{ h}$，这就是 K_m 的值。

如果实测资料与马斯京根法的前提条件一致，上述经验参数推求法可以求得很好的成果，各次洪水资料推求出来的 K_m、x 是相同的。但通常并不如此，会遇到 Q'-W 关系绳套合不拢、所得 x 相差甚大等问题。究其原因，有下列三种：①原始资料受干扰，其中主要是区间来水的干扰；②洪水陡涨陡落，出现河段内水面非线性变化的问题；③河段本身的水力学特性是非线性的。

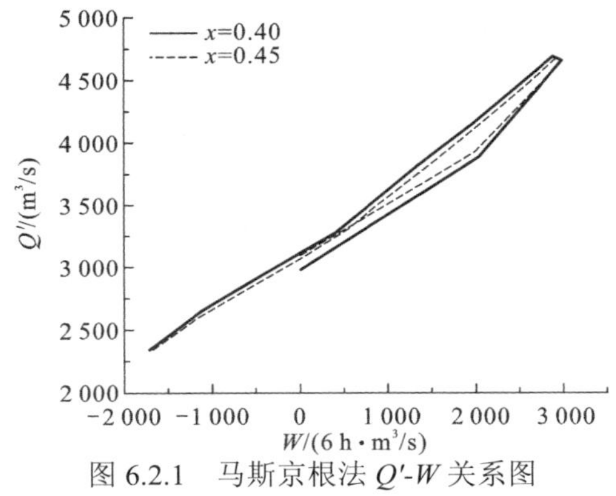

图 6.2.1　马斯京根法 Q'-W 关系图

2）分析法确定 K_m、x

根据上面介绍的概念，马斯京根法参数 x 与特征河长 l 的关系见式（6.2.11）。l 的计算公式为

$$l=\frac{Q_0}{i_0}\left(\frac{\partial Z}{\partial Q}\right)_0 \tag{6.2.12}$$

式中：Q_0 为恒定流时的流量；i_0 为恒定流时的水面比降。

从 K_m 的物理意义可知

$$K_m=\frac{\mathrm{d}W}{\mathrm{d}Q'}=\frac{\mathrm{d}W}{\mathrm{d}Q_0}=\frac{L}{C_3} \tag{6.2.13}$$

式中：C_3 为恒定流时的流速。

在棱柱形河道里洪水波波速 u 与断面平均流速 $\bar{v}$ 间的关系见式（6.1.8）。

再以沅水沅陵至王家河段为例，说明如何采用水力学法确定参数。$L=112$ km，算出各级流量下的 x 与 K_m，具体见表 6.2.2。

表 6.2.2　水力学法求参数 K_m、x 的示例

Q /（$\mathrm{m^3/s}$）	Z_u/m	Z_l/m	$i_0=\dfrac{Z_u-Z_l}{L}$	$\left(\dfrac{\mathrm{d}Z}{\mathrm{d}Q}\right)_u$	$\left(\dfrac{\mathrm{d}Z}{\mathrm{d}Q}\right)_l$	$\left(\dfrac{\mathrm{d}Z}{\mathrm{d}Q}\right)_{\mathrm{ave}}$	l / m	l / km	x	$\bar{v}$/(m/s)	C_3/(m/s)	K_m / h
3 000	90.78	47.16	0.000 389	0.000 570	0.000 735	0.000 653	84 00	8.4	0.46	1.17	1.95	16
7 000	93.06	50.10	0.000 384							1.87	3.12	10
11 000	94.81	52.35	0.000 379	0.000 438	0.000 563	0.000 501	11 800	11.8	0.45	2.15	3.58	9
15 000	96.38	54.30	0.000 376	0.000 393	0.000 488	0.000 441	15 200	15.2	0.43	2.70	4.50	7
19 000	97.85	56.18	0.000 372	0.000 368	0.000 470	0.000 419	19 100	19.1	0.41	2.96	4.94	6

注：Z_u、Z_l 分别为河段上、下游水位。

6.2.3　分段连续演算

1. 演算时段 Δt 的确定

马斯京根法采用线性有限差解，要求 I、O 在时段 Δt 内呈直线变化，同时，河段内流量沿河长呈直线变化，因此，在选取演算时段 Δt 时应注意满足这一条件，以提高演算精度。

一般，应取 $\Delta t = K_m$ 或 Δt 接近于 K_m，河段洪水波运动与 Δt 关系的示意图见图 6.2.2。Δt 的确定应考虑汇流曲线的合理性，根据式（6.2.7）、式（6.2.8），单一河段的马斯京根法应为光滑的单峰曲线，要满足这一条件，C_0、C_2 必须大于或等于零。因此，演算时段 Δt 应满足下列不等式：

$$2K_m x \leqslant \Delta t \leqslant 2K_m(1-x) \tag{6.2.14}$$

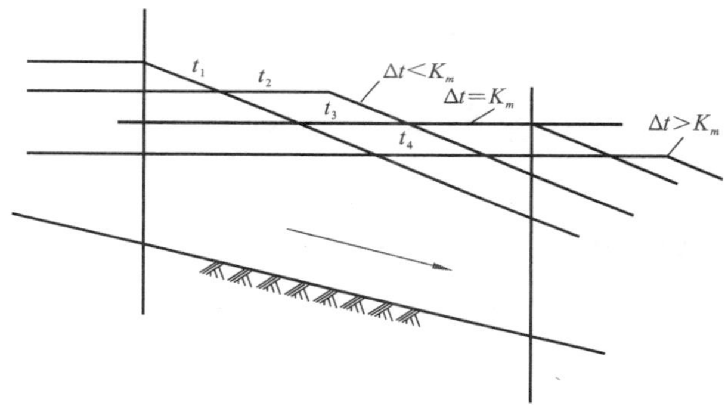

图 6.2.2　河段洪水波运动与 Δt 关系的示意图

t_1 为某一时刻；t_2 为距 t_1 小于 K_m 时段的某一时刻；t_3 为距 t_2 等于 K_m 时段的某一时刻；t_4 为距 t_3 大于 K_m 时段的某一时刻

因为 $x < 0.5$，当 $\Delta t = K_m$ 时，式（6.2.14）成立。Δt 按式（6.2.14）取值，能保证计算成果的合理性。

2. 马斯京根法分段连续演算

将演算河段划分为 r 个单元河段，用马斯京根法连续进行 r 次演算，以求得出流过程。在实际应用中，一般直接采用计算公式编程计算。

1）参数的确定

当已知预报河段的 K_m、x 及河段长度 L 时，先选定 Δt，令 $K_l = \Delta t$，则

$$r = \frac{K_m}{K_l} = \frac{K_m}{\Delta t} \tag{6.2.15}$$

$$L_l = \frac{L}{r} \tag{6.2.16}$$

由式（6.2.11）可知

$$x_l = \frac{1}{2} - \frac{l}{2L_l}$$

且

$$l = (1-2x)L = (1-2x)rL_l$$

则

$$x_l = \frac{1}{2} - \frac{r(1-2x)}{2} \tag{6.2.17}$$

式中：K_l、L_l、x_l 分别为预报河段槽蓄量-流量关系曲线的坡度、河段长度、流量比重系数。

当预报河段无 K_m、x 时，根据河道断面的实测流速资料或水力特性资料，确定波速 u，则

$$L_l = ut$$

$$r = \frac{L}{L_l}$$

$$x_l = \frac{1}{2} - \frac{l}{2L_l}$$

并取

$$K_l = \Delta t$$

2）马斯京根法分段连续演算的步骤

设河段分为 r 个子河段，相应的参数为 K_l、x_l，时段为 Δt，河段数用 i 表示，$i = 1,2,\cdots,r$，时段数用 j 表示，$j = 1,2,\cdots,m$，m 为总时段数。在时段 $j-1$、j 对水量平衡方程与槽蓄方程进行差分：

$$\frac{I_{j-1}+I_j}{2} - \frac{O_{j-1}+O_j}{2} = K_m \frac{W_{j-1}+W_j}{\Delta t} \tag{6.2.18}$$

$$W_{j-1} = K_m[xI_{j-1} + (1-x)O_{j-1}] \tag{6.2.19}$$

$$W_j = K_m[xI_j + (1-x)O_j] \tag{6.2.20}$$

对式（6.2.18）～式（6.2.20）进行联解，可得流量演算方程，为

$$O_j = C_0 I_j + C_1 I_{j-1} + C_2 O_{j-1} \tag{6.2.21}$$

其中，

$$\begin{cases} C_0 = \dfrac{0.5\Delta t - K_l x_l}{0.5\Delta t + K_l - K_l x_l} \\ C_1 = \dfrac{0.5\Delta t + K_l x_l}{0.5\Delta t + K_l - K_l x_l} \\ C_2 = \dfrac{-0.5\Delta t + K_l - K_l x_l}{0.5\Delta t + K_l - K_l x_l} \end{cases} \tag{6.2.22}$$

且

$$C_0 + C_1 + C_2 = 1 \tag{6.2.23}$$

对于长河段的流量演算，采用式（6.2.21）～式（6.2.23）进行计算机编程非常方便，只要演算 r 次就行了。

3）计算实例

以沅水沅陵至王家河段为例，用试算法确定 $K_m = 9\text{ h}$，$x = 0.45$。

（1）根据实际需要及沅陵流量过程的形状，确定计算时段 $\Delta t = 3\text{ h}$。

（2）令 $K_l = \Delta t = 3\text{ h}$，由式（6.2.15）和式（6.2.16）可知，单元河段数 $r = \dfrac{K_m}{K_l} = \dfrac{9}{3} = 3$。单元河段长 $L_l = \dfrac{L}{r} = \dfrac{112}{3} \approx 37.3\,(\text{km})$。

（3）按式（6.2.17）算得 $x_l = \dfrac{1}{2} - \dfrac{r(1-2x)}{2} = \dfrac{1}{2} - \dfrac{3(1-2\times 0.45)}{2} = 0.35$。

（4）根据 $x_l = 0.35$、$r = 3$、$\Delta t = 3\text{ h}$、式（6.2.22）可计算出汇流系数 C_0、C_1、C_2。

有支流河段的流量演算方法与无支流河段的流量演算方法原理一样，仍是联解水量平衡方程和槽蓄方程。

第7章

实时预报

7.1 实时预报模型与方法

20 世纪 70 年代以后，现代系统理论中的实时预报理论和方法开始引入洪水预报，推动了洪水预报现时校正技术的研究。实时预报方法，利用“新息”导向，对系统数学模型的参数或系统的状态变量、系统预报值进行现时校正，其理论完整严密，适用条件明确，它填补了传统水文预报的技术空白，已在水文预报作业中发挥了重要作用。

当洪水预报值的实测值已经获取时，该预报值的误差为已知，利用这一信息（简称“新息”）进行反馈计算，对数学模型或实用预报方案的参数或结果进行修正，即为实时校正。

7.1.1 线性系统的数学模型

线性系统的输入-输出数学模型主要有三种类型：差分方程、响应函数、状态空间方程。

1. *差分方程*

如果用等距采样的离散序列 $\{x_k\}$、$\{y_k\}$ $(k=0,1,2,\cdots)$ 表达一个系统的输入、输出函数，则

$$y_{r+k}+a_1y_{r+k-1}+\cdots+a_ry_k=b_0x_{r+k}+b_1x_{r+k-1}+\cdots+b_rx_k \tag{7.1.1}$$

其定解的初始条件为已知 x_i、y_i $(i=0,1,\cdots,r-1)$ 的值。式（7.1.1）就是单输入、单输出离散线性系统的差分方程模型。

差分方程模型的全部特性反映在模型的阶数 r 和系数 a_i、b_i $(i=1,2,\cdots,r)$ 上。若 $b_0=0$，则 k 时刻的输出仅为 k 时刻以前各输入、输出的函数，与 k 时刻的输入无关，这称为显式差分格式；反之，$b_0\neq0$，则为隐式差分格式。输入和输出的阶数可以不相等。如果 a_i、b_i 随时间变化，则为时变模型，否则，为定常模型。

考虑到差分方程模型对系统模拟的不精确性，假设存在一个模型噪声 e_k，且系统输出较输入总是滞后 τ（时段数）出现，这种有固定滞时的线性系统可以表示为

$$y_{r+k}+a_1y_{r+k-1}+\cdots+a_ry_k=b_0x_{r+k-\tau}+b_1x_{r+k-1-\tau}+\cdots+b_rx_{k-\tau}+e_k \tag{7.1.2}$$

显然，若式（7.1.2）中 $e_k=0$、$\tau=0$，式（7.1.2）成为式（7.1.1），故式（7.1.2）是线性系统差分方程模型的一般形式。

2. *响应函数*

对于离散系统，如果以等时距采样，输入、输出函数为 $\{x_s\}$、$\{y_s\}$ $(s=0,1,2,\cdots)$，则有限存储的因果系统的响应函数模型可以记为

$$y_s=\sum_{\sigma=0}^{s}x_\sigma h_{s-\sigma} \tag{7.1.3}$$

式中：x_σ 为输入序列；$h_{s-\sigma}$ 为卷积核序列。

式（7.1.3）即离散卷积方程。

3. 状态空间方程

系统的状态指不断变化中的系统的特性。状态变量指能完全描述系统数量特性和行为的一组最少的变量。或者说，n 个变量 $x_{t_0}(1)$，$x_{t_0}(2)$，…，$x_{t_0}(n)$ 一旦确定，整个系统在 t_0 时刻的特性就完全确定，并且该系统在 t_0 时刻以后的行为也随之确定。将系统的 n 个状态变量组成一个 n 维向量 $\boldsymbol{x}_t$，$\boldsymbol{x}_t=[x_t(1),x_t(2),\cdots,x_t(n)]^{\mathrm{T}}$，$\boldsymbol{x}_t$ 称为系统的状态向量。状态空间指状态向量 $\boldsymbol{x}_t$ 所在的 n 维实空间，记为 $\boldsymbol{x}_t\in\mathbf{R}_n$。状态向量 $\boldsymbol{x}_t$ 就是 $\mathbf{R}_n$ 空间中的一个点，该点在 $\mathbf{R}_n$ 空间的运动就是系统的状态变化。

状态空间方程指在状态空间中定义的反映系统变化规律及系统外部对系统监测关系的数学方程，通常由状态方程和观测方程组成。

离散状态空间方程的一般形式如下。

状态方程：

$$\boldsymbol{x}_{k+1}=\boldsymbol{\Phi}_k\boldsymbol{x}_k+\boldsymbol{G}_k\boldsymbol{u}_k+\boldsymbol{\Gamma}_k\boldsymbol{\omega}_k \tag{7.1.4}$$

观测方程：

$$\boldsymbol{z}_k=\boldsymbol{H}_k\boldsymbol{x}_k+\boldsymbol{C}_k\boldsymbol{u}_k+\boldsymbol{v}_k \tag{7.1.5}$$

式中：$\boldsymbol{x}_k$、$\boldsymbol{x}_{k+1}$ 为 k、k+1 时刻系统的 n 维状态向量；$\boldsymbol{u}_k$ 为 k 时刻系统的 p 维输入（控制）向量；$\boldsymbol{\omega}_k$ 为 k 时刻系统的 q 维模型噪声向量；$\boldsymbol{z}_k$ 为 k 时刻系统的 b 维观测向量；$\boldsymbol{v}_k$ 为 k 时刻系统的 b 维观测噪声向量；$\boldsymbol{\Phi}_k$ 为 k 时刻系统的 $n\times n$ 阶状态转移矩阵；$\boldsymbol{G}_k$ 为 k 时刻系统的 $n\times p$ 阶输入分配矩阵；$\boldsymbol{\Gamma}_k$ 为 k 时刻系统的 $n\times q$ 阶模型噪声分配矩阵；$\boldsymbol{C}_k$ 为 k 时刻系统的 $b\times p$ 阶输入转换矩阵；$\boldsymbol{H}_k$ 为 k 时刻系统的 $b\times n$ 阶观测矩阵。

7.1.2 线性系统常用识别方法

最小二乘识别是迄今应用最广泛的系统识别方法，按其基本的使用方式又可分为离线最小二乘识别和在线最小二乘识别。

1. 离线最小二乘识别

水文预报中使用的线性系统差分方程、响应函数等模型均可转化为通用的线性方程组的形式，即

$$\boldsymbol{z}_N=\boldsymbol{\Phi}_N\boldsymbol{\theta}+\boldsymbol{e}_N \tag{7.1.6}$$

式中：$\boldsymbol{\Phi}_N$ 为系统输入矩阵（$N\times m$ 阶）；$\boldsymbol{z}_N$ 为系统输出向量（N 维）；$\boldsymbol{\theta}$ 为系统参数向量（m 维）；$\boldsymbol{e}_N$ 为模型噪声向量（N 维）。

m 是模型参数的个数，N 是系统输入、输出变量观测数据的组数。系统依据 N 组输入、输出数据来估计系统的 m 个参数。

根据最小二乘准则，可以推导出如下参数计算公式：

$$\hat{\boldsymbol{\theta}} = (\boldsymbol{\Phi}_N^{\mathrm{T}}\boldsymbol{\Phi}_N)^{-1}\boldsymbol{\Phi}_N^{\mathrm{T}} \cdot \boldsymbol{z}_N \tag{7.1.7}$$

式中：$\boldsymbol{\Phi}_N^{\mathrm{T}}$ 为 $\boldsymbol{\Phi}_N$ 的转置；$\hat{\boldsymbol{\theta}}$ 为 $\boldsymbol{\theta}$ 的估计值。

式（7.1.7）是式（7.1.2）参数的离线最小二乘识别公式。

2. 在线最小二乘识别

对于一个运行中的系统，如果增加一组新的观测数据，使用离线识别方法计算系统参数的变化，需要用全部数据重新进行一次计算，不仅计算工作量大，而且需要把历史数据全部保存起来。在线递推算法就是为解决这一问题而产生的。

可以推导出根据 N 组观测数据求出的最小二乘识别值 $\hat{\boldsymbol{\theta}}_N$ 和根据 N+1 组观测数据求出的新的估计值 $\hat{\boldsymbol{\theta}}_{N+1}$ 的递推关系：

$$\boldsymbol{P}_{N+1} = \boldsymbol{P}_N - \boldsymbol{P}_N\boldsymbol{\Psi}_{N+1}\boldsymbol{r}_N\boldsymbol{\Psi}_{N+1}^{\mathrm{T}}\boldsymbol{P}_N \tag{7.1.8}$$

其中，

$$\boldsymbol{r}_N = (\boldsymbol{I} + \boldsymbol{\Psi}_{N+1}^{\mathrm{T}}\boldsymbol{P}_N\boldsymbol{\Psi}_{N+1})^{-1} \tag{7.1.9}$$

$$\hat{\boldsymbol{\theta}}_{N+1} = \hat{\boldsymbol{\theta}}_N + \boldsymbol{P}_N\boldsymbol{\Psi}_{N+1}\boldsymbol{r}_N(\boldsymbol{z}_{N+1} - \boldsymbol{\Psi}_{N+1}^{\mathrm{T}}\hat{\boldsymbol{\theta}}_N) \tag{7.1.10}$$

式中：$\boldsymbol{I}$ 为单位矩阵；$\boldsymbol{\Psi}_{N+1}$ 为新加入的资料。式（7.1.8）～式（7.1.10）组成了从 $\hat{\boldsymbol{\theta}}_N$ 计算 $\hat{\boldsymbol{\theta}}_{N+1}$ 的在线最小二乘识别算法的递推公式。

从式（7.1.10）可见，新参数 $\hat{\boldsymbol{\theta}}_{N+1}$ 由老参数 $\hat{\boldsymbol{\theta}}_N$ 加上一个修正项得到。修正的主要依据是 $\boldsymbol{z}_{N+1} - \boldsymbol{\Psi}_{N+1}^{\mathrm{T}}\hat{\boldsymbol{\theta}}_N$。而差值中 $\boldsymbol{\Psi}_{N+1}^{\mathrm{T}}\hat{\boldsymbol{\theta}}_N$ 就是用老参数 $\hat{\boldsymbol{\theta}}_N$ 预测的 $\boldsymbol{z}_{N+1}$ 的估计值 $\hat{z}_{N+1}$，即

$$\hat{z}_{N+1} = \boldsymbol{\Psi}_{N+1}^{\mathrm{T}}\hat{\boldsymbol{\theta}}_N = \theta_1\boldsymbol{\Psi}_{N+1,1} + \theta_2\boldsymbol{\Psi}_{N+1,2} + \cdots + \theta_m\boldsymbol{\Psi}_{N+1,m} \tag{7.1.11}$$

在控制理论中，此差值称为“新息”：

$$\mathbf{INN} = z_{N+1} - \hat{z}_{N+1} = z_{N+1} - \boldsymbol{\Psi}_{N+1}^{\mathrm{T}}\hat{\boldsymbol{\theta}}_N \tag{7.1.12}$$

“新息”所乘的权重因子（即 $\boldsymbol{K}_N = \boldsymbol{P}_N\boldsymbol{\Psi}_{N+1}^{\mathrm{T}}\boldsymbol{r}_N$）又称为增益，它的大小由已经识别的数据的协方差记忆阵（$\boldsymbol{P}_N$）和新进入的资料（$\boldsymbol{\Psi}_{N+1}$）的对比关系共同确定，也是一个动态向量。由系统增益和“新息”的动态变化确定对系统参数的实时动态校正量，是处理动态模型的基本方法，所以在线识别递推的每一步只需保留 $\hat{\boldsymbol{\theta}}_N$ 和 $\boldsymbol{P}_N$，就可以依据新的观测资料直接求出 $\hat{\boldsymbol{\theta}}_{N+1}$。

7.1.3　实时校正预报基本方法

实时校正预报的对象大体上可以分为两类：一类是校正模型参数，如差分方程的系数、响应函数的纵坐标，即使用参数时变的动态模型；另一类是直接校正系统的状态变量所代表的预报变量的值。从递推最小二乘识别方法发展起来的“有限记忆递推最小二乘法”“衰减记忆递推最小二乘法”是校正模型参数方法的代表。卡尔曼滤波由于状态方程构造的灵活性，校正系统状态变量的功能兼具两类方法的性质，但校正系统模型参数时的性能与前两者性质不同，应用时需注意。

7.2　洪水预报实时校正

7.2.1　传统实时校正

1. 基本途径与方法

对各种传统水文实时校正方法进行归纳和剖析，发现它们对特定流域、特定预报方法进行判断和校正处理大体上是基于以下五个途径：①特殊规律和一般规律的差别；②非方案因子的影响；③类似于“新息”校正处理；④寻找判断当前洪水大小的参证依据；⑤合理性的综合判断。

2. P- P_a-R 相关图预报校正

使用历史洪水水文资料，采集次洪降雨量 P、前期影响雨量 P_a、次洪径流深 R，点绘平均状态下次洪 P-P_a-R 相关图（图 7.2.1），用于流域产流预报，这就是国内外应用较普遍的降雨径流相关图模型。

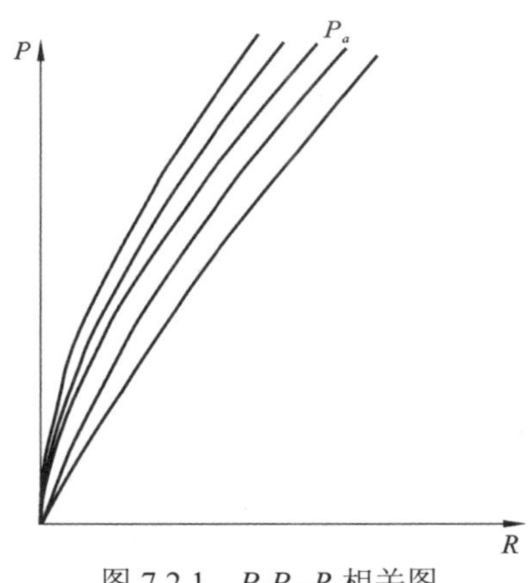

图 7.2.1　P-P_a-R 相关图

1）降雨量的分析校正

由于降雨量 P 使用的是流域平均值，如果雨量站有缺报，需要观察缺报的情况，采用可靠的方法插补，特别要防止插补偏大的现象出现，如流域降雨的空间分布和降雨强度的影响。

2）P_a 的分析校正

可采用对前期洪水预报误差的解析来校正。图 7.2.2 中，在 t_1 时刻，依据 P_1、P_a，利用 P-P_a-R 相关图推算出 $\hat{R}_1$（t_1 时刻次洪径流深预报值），实际出现值为 R_1，两者之差为 ΔR_1，时间推进至 t_2 时刻，依据 P_2、P_{a2}（t_2 时刻前期影响雨量）预报 $\hat{R}_2$（t_2 时刻次洪径流深预报值）并进行校正。

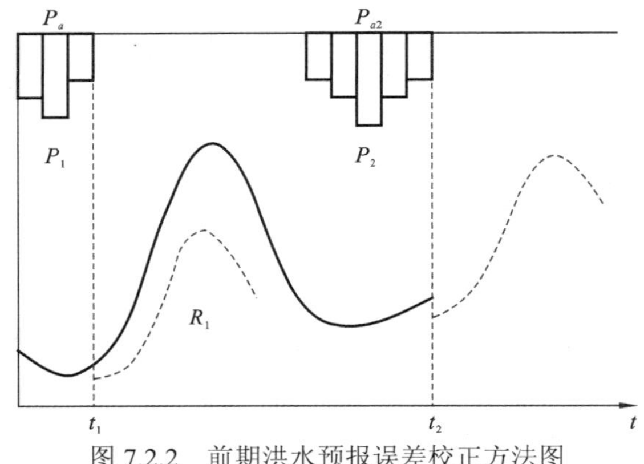

图 7.2.2　前期洪水预报误差校正方法图

P_1、R_1 分别为 t_1 时刻的次洪降雨量、次洪径流深；P_2 为 t_2 时刻的次洪降雨量

3. 单位线预报校正

开展影响单位线预报因子的分析，流域集水面积越小，单位线的非线性越严重，单位线的“叠加”“倍比”作用越向不利的方向（加大洪水）发展。影响单位线三要素（峰、滞时、底宽）的因子有很多，最重要的暴雨特性是暴雨中心位置和降雨强度。受暴雨中心位置影响的典型流域的单位线的变化见图 7.2.3。如果流域洪水样本的代表性充分，可以在编制预报方案时，对单位线的变化规律进行分析，得出符合实际的分类，以明显提高汇流预报精度。

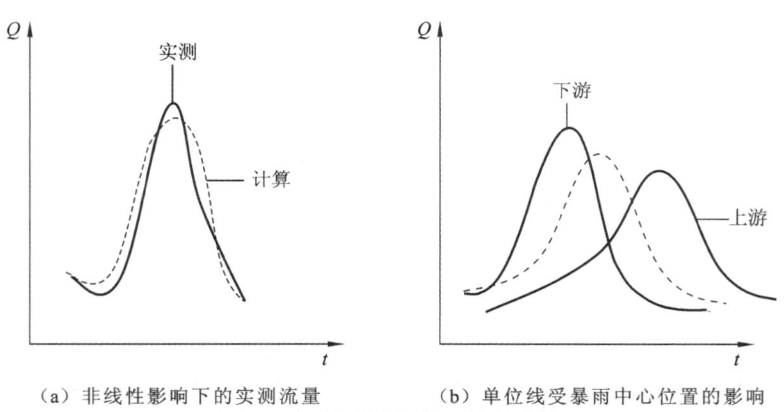

（a）非线性影响下的实测流量　　（b）单位线受暴雨中心位置的影响

图 7.2.3　典型流域单位线的变化

也可以开展预报参证站分析，即选取本流域面上更小集水面积的水文站或邻近的同一暴雨区内的小汇水测站作为本站汇流预报的参证站，用于汇流预报的校正。

4. 相关图预报校正

图 7.2.4 是以下游相应水位为参数的上、下游水位相关预报校正。基本的校正方法是将前期 t_1、t_2、t_3、t_4 时刻的预报值和实际出现值的误差（两者的预报误差为 Δ1、Δ2、Δ3、Δ4 ）

分别按时序联结起来。根据Δ1、Δ2、Δ3、Δ4的出现规律，就可以判断下个时刻直至洪峰出现时可能产生的预报偏离方案的方向和数值。这种判断误差变化趋势和外延的校正方法使用得非常普遍。上下游水位涨差（或流量增幅）、上下游流量相关预报校正等均属此类。

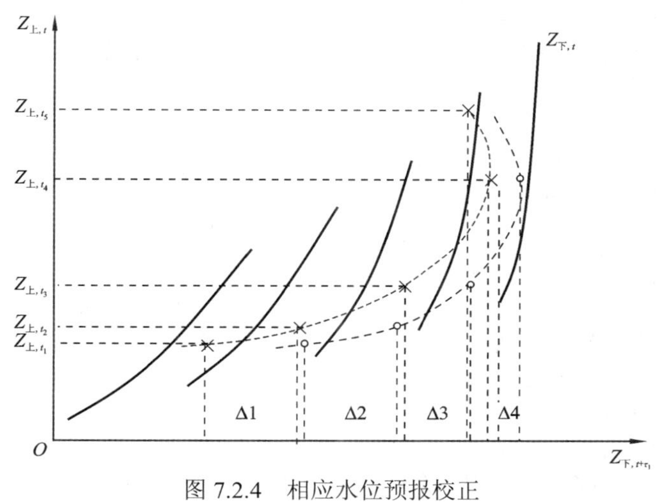

图 7.2.4 相应水位预报校正

$Z_{上,t}$为t时刻上游水位；$Z_{下,t}$为t时刻下游水位；$Z_{下,t+\tau_1}$为$t+\tau_1$时刻下游水位，τ_1为上、下游站洪峰平均传播时间

上、下游洪峰相关图是最重要的相关图，但洪峰出现之前，它缺少校正依据的参考信息。可用连时序绳套的外延来辅助处理校正定量的问题。图 7.2.5 为典型的洪峰水位相关图。上、下游站洪峰平均传播时间为τ_1，可在图 7.2.5 上点绘历史洪水的$Z_{m,上,t}$-$Z_{m,下,t+\tau_1}$连时序绳套线，它展示了每场洪水洪峰相关关系与平均关系线的偏离是由于涨水面上下相应关系的偏离，利用这种规律，可以在当前洪水的涨水面相应关系出现后（图 7.2.5 中“×”点），发现本场洪水洪峰相应关系的可能变化趋势，从而对查图值做出校正。

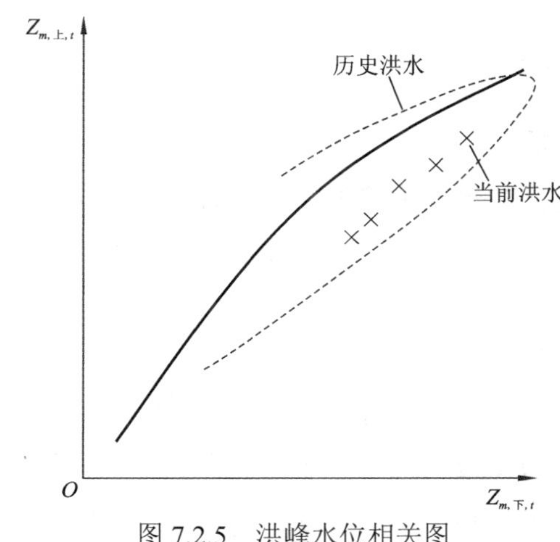

图 7.2.5 洪峰水位相关图

$Z_{m,上,t}$、$Z_{m,下,t}$分别为t时刻上、下游洪峰水位

5. 流量演算预报校正

实际上，流量演算预报校正需要考虑马斯京根法的影响。马斯京根法对洪水传播规律的概化服从“线性一阶隐式差分”的假设，因此马斯京根法能较好地适应涨率正常或偏慢的洪水，但可能在涨率偏快的洪水中出现计算值滞后的现象（图 7.2.6）。

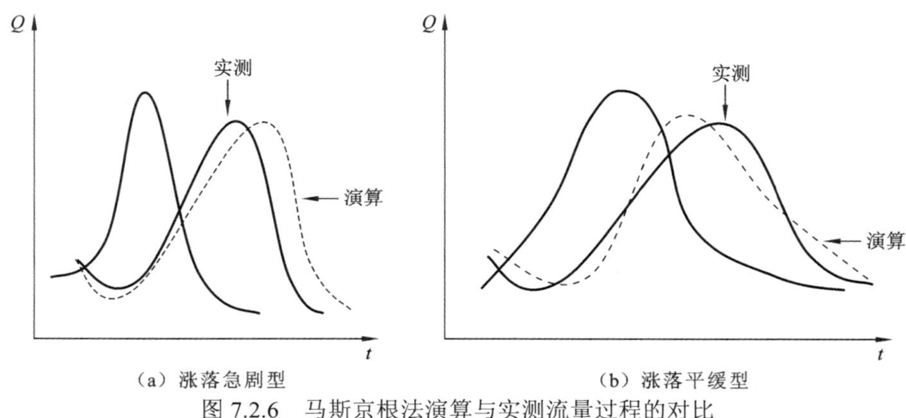

图 7.2.6　马斯京根法演算与实测流量过程的对比

长江流域使用较多的“大湖演算”模型，基于水量平衡原理，对湖泊入、出流量进行水量平衡计算，配合出口的水位-流量关系分析，便可得到比较可靠的出流站水位过程的预报。

7.2.2　计算机自动校正

在作业预报和系统研究的长期实践中，还创造了一批用计算机自动实现的现时校正技术。

1. 相关图计算机查算

1）“新息”常量外推法

用计算机查算相关图只需将相关线节点读入程序，再采用一元三点插值或二元三点插值等方法，就可以得出查算值。这种方法可以由计算机自动完成，称为“新息”常量外推法。

2）“新息”趋势外推法

“新息”趋势外推法的处理思路，以某一单一直线相关图的预报为代表进行说明。

图 7.2.7 中 L_0 线是用历史资料确定的平均相关关系线，数个“×”点代表从当前预报时刻向前反推的若干个实测相关点。这时，一般沿现时校正趋势线 L_1 的方向查图，当查到 A 点（L_0 与 L_1 相交处）时，如没有充分理由认定实测相关点偏离正常线，将继续沿 L_1 线上行（通常在 A 点以上沿 L_0 查图）。

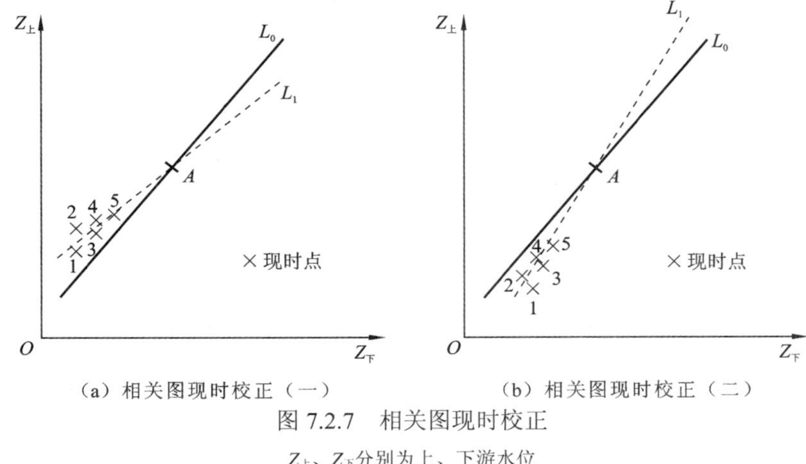

(a) 相关图现时校正(一)　(b) 相关图现时校正(二)

图 7.2.7　相关图现时校正

$Z_上$、$Z_下$分别为上、下游水位

图 7.2.8 中的当前实测相关点据不仅偏离正常线，而且呈越来越远的趋势，应依据这些新点据重新拟合一条新的现时校正相关线 L_2，其坡度、走向与 L_0 相同，并依据 L_2 线进行趋势外推预报。

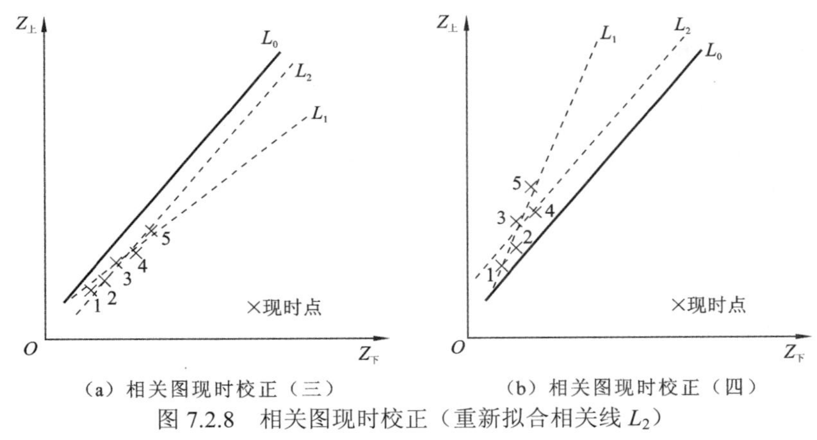

(a) 相关图现时校正(三)　(b) 相关图现时校正(四)

图 7.2.8　相关图现时校正(重新拟合相关线 L_2)

上述查图处理方式可以用计算机模拟，先依据最新相关点据（一般用 20 个），用最小二乘直线拟合计算出 L_1 线，对 L_0 与 L_1 线的关系进行判断（比较两者的交点和斜率）。由此求出 L_1、L_0、L_2 线，进行查算，即得到相关图预报值。

2. “新息”直接校正法

在编制预报程序时，将预报发布时刻 t 的预报对象值（已出现，有观测值）作为预报对象。这样可以把 t 时刻的“新息”计算出来。

直接将“新息” ΔZ 作为校正值，对原预报计算值进行校正（图 7.2.9）。

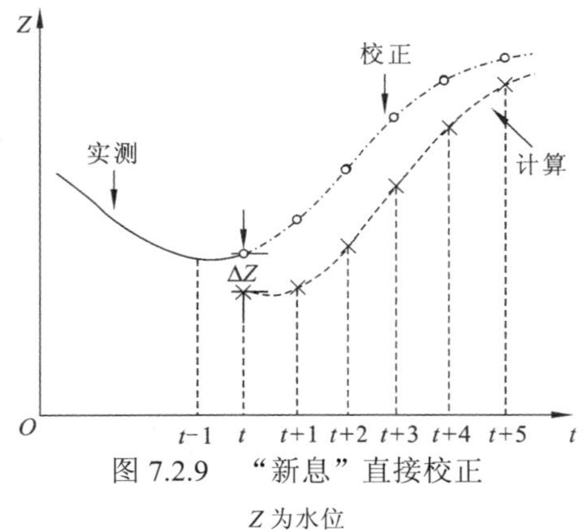

图 7.2.9 “新息”直接校正

Z 为水位

3. 美国国家天气局方法

国外借鉴系统理论改造传统水文现时校正方法，使之规范化。美国国家天气局河流预报系统（National Weather Service river forecast system，NWSRFS）使用调和法和状态校正法，对传统水文现时校正方法进行校正。

4. 残差序列预报模型

对残差序列建立一个自回归模型来外推预见期内的预报误差，将其叠加到模型预报过程上，可以得到校正后的预报值。一些学者探索了残差序列直接模拟、卡尔曼滤波处理，均取得了较好的效果。

习　题

一、填空

1. 由降雨或融雪水流汇集到河流出口断面的整个物理过程，称为径流的形成过程，该过程可概化为__________、__________和__________。

2. 区域平均降水量常用的计算方法有__________、__________和__________。我国北方干旱地区和南方湿润地区的产流方式分别以__________和__________为主。

3. 流域蓄水容量曲线指数 b 反映了__________，比较山区和平原地区的 b，一般来说山区________平原地区。

4. 久旱无雨后降了一场大雨，降雨量为 123 mm，径流深为 30 mm，雨期蒸发量为 3 mm，流域蓄水量为__________。

5. 根据流域退水方案可以从实测的流量过程线上将__________分割出来。时段单位包含________和________两个基本假定。

6. 马斯京根法的参数 K_m 的物理意义是__________。

7. 在河段洪水预报中，常用的流量演算法包括_______、_______、_______等，其基本原理都是采用_______来近似求解天然河道洪水波渐变为非恒定流的_______。

二、选择

1. 设某河段的槽蓄方程为 $W=0.018Q^2$（其中，W 为河段蓄水量，单位为万 m^3；Q 为河段平均流量，单位为 m^3/s），则当河段平均流量为 $20m^3/s$ 时，洪水从河段上断面到下断面的传播时间为_______。

（A）1.8 h　　（B）3.6 h　　（C）2.0 h　　（D）0.9 h

2. 在相应水位/流量预报中，关于附加比降，叙述正确的是_______。

（A）上游河段，因为河床比降大，所以附加比降对预报的影响也大

（B）下游河段，因为河床比降小，所以附加比降对预报的影响大

（C）附加比降对预报精度的影响不受河床比降的影响

（D）以上均不对

3. 次涨差是指_______。

（A）一次洪水的涨落差　　（B）第二次洪水的涨落差

（C）最大洪水的涨落差　　（D）第一次洪水的洪峰水位

4. 干、支流来水相互影响，称为_______。

（A）感潮　　（B）回水顶托　　（C）天文潮　　（D）气象潮

5. 设河段蓄水量为 W，河段下断面流量为 O，上断面流量为 I，流量比重系数为 x，蓄泄常数为 K_g，则特征河长的槽蓄方程可以表达为_______。

（A）$W=K_g[xI+(1-x)O]$　　（B）$W=K_gO$

（C）$W=K_g[xO+(1-x)I]$　　（D）$W=K_g(I+O)$

6. 在马斯京根法河段洪水演算中有三个参数，非演算方程参数是________。

（A）蓄泄常数 K_g　　（B）流量比重系数 x

（C）河段蓄水量 $W(t)$　　（D）时段间隔 Δt

7.在马斯京根法河段洪水演算中，蓄泄常数 K_g 的单位是________。

（A）m^3　　（B）h　　（C）m^3/s　　（D）无因次

8. 在产流方式论证中，不对称系数越小，则________。

（A）地下径流比例越小

（B）地表径流比例越小

（C）属于蓄满产流模式的可能性越大

（D）属于超渗产流模式的可能性越小

三、简答

1. 蓄满产流和超渗产流各有哪些特点?为什么?

2. 如何利用地下退水方案划分场次洪水?如何制作?

3. 蓄满产流模型参数 W_m 的物理意义是什么?如何确定 W_m?

4. 怎样从实测降雨径流资料中分析出稳定下渗率 f_c?怎样用 f_c 去划分直接径流和地下径流?

5. 简述时段单位线的定义及其基本假定。

6. 什么叫 $S(t)$曲线?如何用 $S(t)$曲线进行单位线的时段转换?

7. 确定马斯京根法参数 x、K_m 的方法有哪些?试述试算法确定 x、K_m 的步骤。

四、基本计算

1. 某流域面积为 75.6 km^2，两个时段的净雨所形成的地表径流数据如表所示，分析本次洪水单位时段Δt = 3 h，单位净雨深为 10 mm 的单位线。

项目	时段（Δt = 3 h）						
	0	3	6	9	12	15	18
地表净雨深/mm	20	30					
地表径流量/（m^3/s）	0	20	90	130	80	30	0

2. 某流域面积为 5 290 km^2，由多次退水过程分析得 K_g = 49.5 h，1973 年 5 月该流域发生一场洪水，起涨流量为 9.4 m^3/s，计算时段 Δt = 24 h，通过产流计算，求得该次洪水产生的地下净雨深过程如表所示。试计算该次洪水地下径流的出流过程。

时间	5 月 4 日	5 月 5 日	5 月 6 日	5 月 7 日	5 月 8 日	5 月 9 日
地下净雨深/mm	0.0	17.8	5.9	85.9	37	9.6
时间	5 月 10 日	5 月 11 日	5 月 12 日	5 月 13 日	5 月 14 日	5 月 15 日
地下净雨深/mm	91.7	90.2	14.1	7.4	0.0	0.0

3. 若已知上游站入流过程，并分析得 $x = 0.3$，$K_m = 9$ h，取 $\Delta t = 6$ h，试计算下游站断面的出流过程。

日期	时间（时：分）	I/（m^3/s）	C_0I_2	C_1I_1	C_2O_1	O/（m^3/s）
10 日	02：00	2400				
10 日	14：00	2700				
11 日	02：00	3300				
11 日	14：00	3900				
12 日	02：00	3570				

4. 在马斯京根法河段洪水演算中，已知槽蓄量–流量关系曲线的坡度 $K_m = 3$ h，流量比重系数 $x = 0.4$，时段长取 $\Delta t = 3$ h，时段初入流量 $I_1 = 100$ m^3/s，时段末入流量 $I_2 = 200$ m^3/s，时段初出流量 $O_1 = 50$ m^3/s，求时段末出流量 O_2。

第三篇

实用流域水文模型

第 8 章

新安江模型

8.1 模型概述

新安江模型是由赵人俊教授研制，并逐步完善的一个降雨径流模型。从 20 世纪 70 年代的二水源新安江模型到 20 世纪 80 年代的三水源新安江模型，新安江模型在我国广大地区得到了应用（尤其是我国湿润和半湿润地区），新安江模型也服务于一些大型水利工程（如葛洲坝水库、三峡水库、丹江口水库）的洪水预报。

新安江模型自 1973 年诞生以来，在湿润地区及某些特定条件下的非湿润地区广泛应用并获得成功，新安江模型的一些处理技术已被国内外一些大尺度水文模型所采用。

8.2 模型结构

新安江模型的结构设计是分散性的，分为蒸散发计算、产流计算、水源划分计算和汇流计算四个层次结构。三水源新安江模型的结构如图 8.2.1 所示。

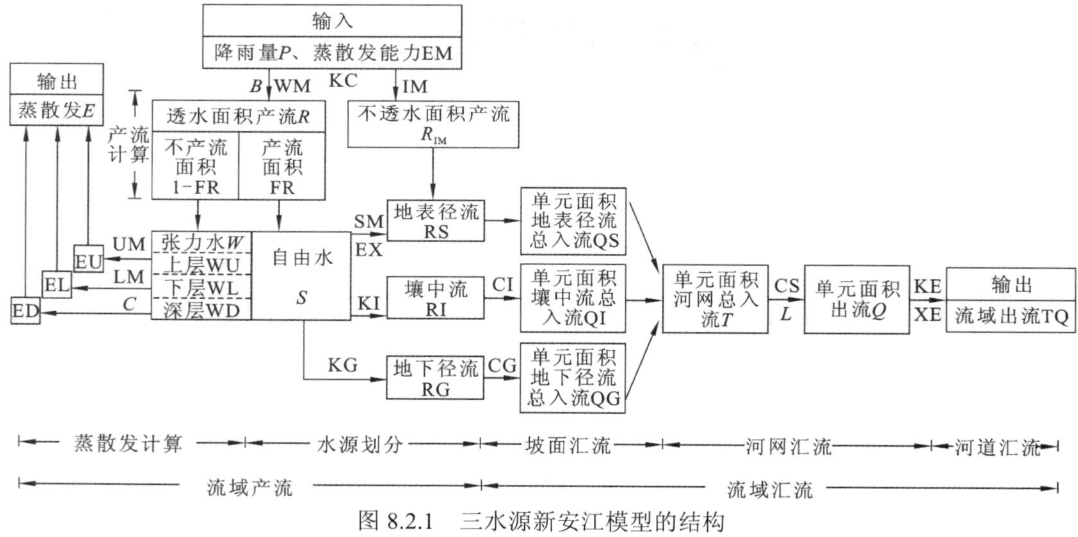

图 8.2.1　三水源新安江模型的结构

输入为实测降雨量过程 $P(t)$和蒸散发能力过程 EM(t)；输出为流域出口断面流量过程 TQ(t)和流域实际蒸散发过程 $E(t)$。WU 为上层张力水蓄量，单位为 mm；WL 为下层张力水蓄量，单位为 mm；WD 为深层土壤含水量，单位为 mm；EU 为上层蒸散发量，单位为 mm；EL 为下层蒸散发量，单位为 mm；ED 为深层蒸散发量，单位为 mm。其他参数见表 8.2.1，参数释义见表 8.2.2。

表 8.2.1　新安江模型各层次结构相应参数表

<table>
<tr><th rowspan="2">项目</th><th colspan="6">层次</th></tr>
<tr><th>第一层次</th><th>第二层次</th><th colspan="2">第三层次</th><th colspan="2">第四层次</th></tr>
<tr><td rowspan="2">功能</td><td rowspan="2">蒸散发计算</td><td rowspan="2">产流计算</td><td colspan="2">水源划分计算</td><td colspan="2">汇流计算</td></tr>
<tr><td>二水源</td><td>三水源</td><td>坡面汇流</td><td>河道汇流</td></tr>
<tr><td>方法</td><td>三层模型</td><td>蓄满产流</td><td>稳定下渗率</td><td>自由水蓄水库</td><td>单位线法或线性水库法或滞后演算法</td><td>马斯京根法或滞后演算法</td></tr>
<tr><td>参数</td><td>KC、UM、LM、C</td><td>WM、B、IM</td><td>f_c</td><td>SM、EX、KG、KI</td><td>单位线或 CI、CG、CS、L</td><td>KE、XE 或 CS、L</td></tr>
</table>

表 8.2.2　新安江模型各层次参数表

层次	功能	参数符号	参数意义
第一层次	蒸散发计算	KC	流域蒸散发折算系数
		UM	上层张力水容量（mm）
		LM	下层张力水容量（mm）
		C	深层蒸散发折算系数
第二层次	产流计算	WM	流域平均张力水容量（mm）
		B	流域蓄水量-面积分配曲线的指数
		IM	不透水面积占全流域面积的比例
第三层次	水源划分计算	SM	表层自由水蓄水容量
		EX	表层自由水蓄水容量曲线的方次
		KG	表层自由水蓄水库对地下水的日出流系数
		KI	表层自由水蓄水库对壤中流的日出流系数
第四层次	汇流计算	CI	壤中流消退系数
		CG	地下水消退系数
		CS	地表径流消退系数
		L	滞时（h）
		KE	马斯京根法演算参数（h）
		XE	马斯京根法演算参数

8.3　模型计算

8.3.1　蒸散发计算

新安江模型的流域蒸散发计算没有考虑流域内土壤含水量在面上分布的不均匀性，而是按照土壤垂向分布的不均匀性将土层分为三层，用三层模型计算蒸散发量。相关参数有：流域平均张力水容量 WM（mm）、上层张力水容量 UM（mm）、下层张力水容量 LM（mm）、深层张力水容量 DM（mm）、流域蒸散发折算系数 KC 和深层蒸散发折算系数 C，计算公式如下：

$$\mathrm{WM} = \mathrm{UM} + \mathrm{LM} + \mathrm{DM} \tag{8.3.1}$$

$$W = \mathrm{WU} + \mathrm{WL} + \mathrm{WD} \tag{8.3.2}$$

$$E = \mathrm{EU} + \mathrm{EL} + \mathrm{ED} \tag{8.3.3}$$

$$\mathrm{EP} = \mathrm{KC} \cdot \mathrm{EM} \tag{8.3.4}$$

式中：W 为总张力水蓄量，mm；WU 为上层张力水蓄量，mm；WL 为下层张力水蓄量，mm；WD 为深层张力水蓄量，mm；E 为总蒸散发量，mm；EP 为折算后的蒸散发能力，mm。

具体计算为：若 $P+\mathrm{WU} \geqslant \mathrm{EP}$，则 $\mathrm{EU} = \mathrm{EP}, \mathrm{EL} = 0, \mathrm{ED} = 0$；若 $P + \mathrm{WU} < \mathrm{EP}$，则 $\mathrm{EU} = P + \mathrm{WU}$；若 $\mathrm{WL} > C \cdot \mathrm{LM}$，则 $\mathrm{EL} = (\mathrm{EP} - \mathrm{EU}) \cdot \mathrm{WL} / \mathrm{LM}, \mathrm{ED} = 0$；若 $\mathrm{WL} < C \cdot \mathrm{LM}$ 且 $\mathrm{WL} \geqslant C \cdot (\mathrm{EP} - \mathrm{EU})$，则 $\mathrm{EL} = C \cdot (\mathrm{EP} - \mathrm{EU}), \mathrm{ED} = 0$；若 $\mathrm{WL} < C \cdot \mathrm{LM}$ 且 $\mathrm{WL} < C \cdot (\mathrm{EP} - \mathrm{EU})$，则 $\mathrm{EL} = \mathrm{WL}, \mathrm{ED} = C \cdot (\mathrm{EP} - \mathrm{EU}) - \mathrm{WL}$。

8.3.2 产流计算

新安江模型产流计算采用蓄满产流概念，即采用蓄水量-面积分配曲线来考虑土壤缺水量分布不均匀的问题。实践表明，对于闭合流域，流域蓄水量-面积分配曲线以采用抛物线形为宜，为计算简便，假定 IM = 0，其公式为

$$\frac{f}{F} = 1 - \left(1 - \frac{W'}{\mathrm{WMM}}\right)^{B} \tag{8.3.5}$$

式中：f 为产流面积，km^2；F 为全流域面积，km^2；W'为流域单点的蓄水量，mm；WMM 为流域单点最大蓄水量，mm；B 为蓄水量-面积分配曲线的指数。

由式（8.3.5）和图 8.3.1 可知，流域初始土壤蓄水量 W_0 的计算公式为

$$W_0 = \int_0^A \left(1 - \frac{f}{F}\right) \mathrm{d}W' = \int_0^A \left(1 - \frac{W'}{\mathrm{WMM}}\right)^{B} \mathrm{d}W' \tag{8.3.6}$$

对式（8.3.6）积分得

$$W_0 = \frac{\mathrm{WMM}}{B+1}\left[1 - \left(1 - \frac{A}{\mathrm{WMM}}\right)^{B+1}\right] \tag{8.3.7}$$

当 A=WMM 时，W_0=WM，将其代入式（8.3.7）得

$$\mathrm{WM} = \frac{\mathrm{WMM}}{B+1} \tag{8.3.8}$$

与 W_0 相应的纵坐标 A 为

$$A = \mathrm{WMM}\left[1 - \left(1 - \frac{W_0}{\mathrm{WM}}\right)^{\frac{1}{1+B}}\right] \tag{8.3.9}$$

设扣除预期蒸发后的降雨量为 PE，则总径流量 R_{total} 的计算公式为

$$R_{\text{total}} = \int_A^{\text{PE}+A} \frac{f}{F} \mathrm{d}W' = \int_A^{\text{PE}+A} \left[1 - \left(1 - \frac{W'}{\text{WMM}}\right)^B\right] \mathrm{d}W' \tag{8.3.10}$$

当 PE+A<WMM，即局部产流时，有

$$R_{\text{total}} = \text{PE} - \text{WM}\left[\left(1 - \frac{A}{\text{WMM}}\right)^{1+B} - \left(1 - \frac{\text{PE}+A}{\text{WMM}}\right)^{1+B}\right] \tag{8.3.11}$$

将式（8.3.9）代入式（8.3.11）得

$$R_{\text{total}} = \text{PE} - \left(\text{WM} - W_0\right) + \text{WM}\left(1 - \frac{\text{PE}+A}{\text{WMM}}\right)^{1+B} \tag{8.3.12}$$

当 PE+A≥WMM，即全流域产流时，有

$$R_{\text{total}} = \text{PE} - (\text{WM} - W_0) \tag{8.3.13}$$

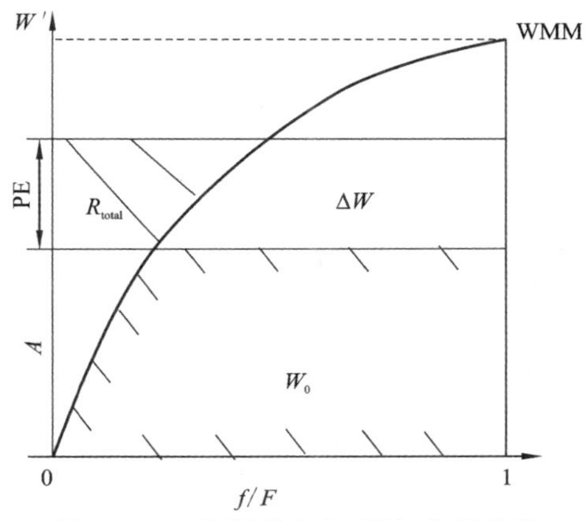

图 8.3.1　流域蓄水量-面积分配曲线

8.3.3　水源划分计算

新安江模型按蓄满产流计算出的总径流量包括了各种径流成分，因此必须进行水源划分。

1. 二水源水源划分

二水源的水源划分结构是根据霍顿的产流概念（当包气带土壤含水量达到田间持水量后，稳定的下渗量成为地下径流量 RG，其余成为地表径流量 RS），用稳定下渗率 f_c 进行水源划分的，计算公式如下。

当 PE≥f_c 时，

$$\text{RG} = f_c \frac{f}{F} = f_c \frac{R}{\text{PE}} \tag{8.3.14}$$

$$\text{RS} = R - \text{RG} \tag{8.3.15}$$

当 $PE < f_c$ 时，

$$RS = 0, \quad RG = R \tag{8.3.16}$$

因此，一次洪水过程总的地下径流量为

$$RG = \sum_{PE \geqslant f_c} f_c \frac{R}{PE} + \sum_{PE < f_c} R \tag{8.3.17}$$

2.三水源水源划分

三水源水源划分中引入了自由水蓄水库结构（图 8.3.2）。表层自由水蓄水容量曲线为

$$\frac{f}{F} = 1 - \left(1 - \frac{S'}{MS}\right)^{EX} \tag{8.3.18}$$

式中：S'为流域单点自由水蓄水量，mm；MS 为流域单点最大的自由水蓄水量，mm；EX 为表层自由水蓄水容量曲线的方次。

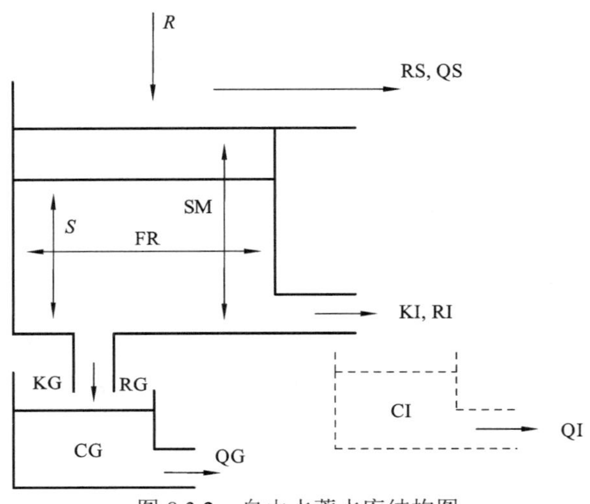

图 8.3.2　自由水蓄水库结构图

表层自由水蓄水容量曲线与各水源的关系描述见图 8.3.3。图 8.3.3 中，KG 为表层自由水蓄水库对地下水的日出流系数；KI 为表层自由水蓄水库对壤中流的日出流系数。

由式（8.3.18）和图 8.3.3 可知，S_0 的计算公式为

$$S_0 = \int_0^{AU} \left(1 - \frac{f}{F}\right) dS' = \int_0^{AU} \left(1 - \frac{S'}{MS}\right)^{EX} dS' \tag{8.3.19}$$

式中：S_0 为 FR 上的平均自由水深；AU 为 S_0 对应的纵坐标。

对式（8.3.19）积分得

$$S_0 = \frac{MS}{EX+1}\left[1 - \left(1 - \frac{AU}{MS}\right)^{EX+1}\right] \tag{8.3.20}$$

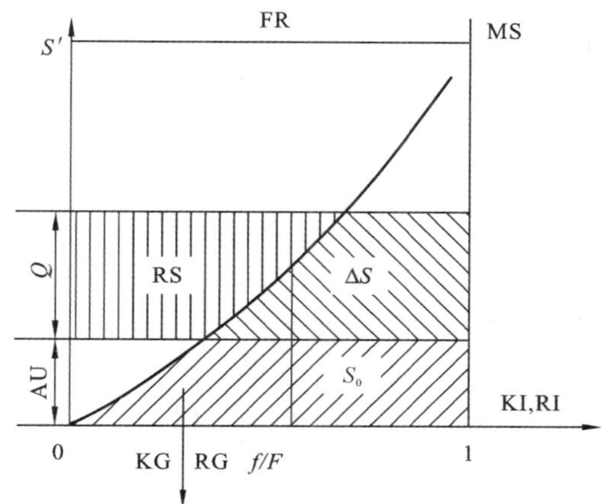

图 8.3.3　表层自由水蓄水容量曲线与各水源的关系图

当 AU=MS 时，S_0=SM，将其代入式（8.3.20）得

$$\mathrm{SM}=\frac{\mathrm{MS}}{\mathrm{EX}+1} \tag{8.3.21}$$

根据式（8.3.21）可求得

$$\mathrm{MS}=\mathrm{SM}(1+\mathrm{EX}) \tag{8.3.22}$$

与 S_0 相应的纵坐标 AU 为

$$\mathrm{AU}=\mathrm{MS}\left[1-\left(1-\frac{S_0}{\mathrm{SM}}\right)^{\frac{1}{1+\mathrm{EX}}}\right] \tag{8.3.23}$$

FR 为

$$\mathrm{FR}=\frac{R}{\mathrm{PE}} \tag{8.3.24}$$

为了考虑上一时段和本时段产流面积不同引起的 AU 的变化，包为民（2006）提出如下转换公式：

$$\mathrm{AU}=\mathrm{MS}\left[1-\left(1-\frac{S_0\cdot\mathrm{FR}_0/\mathrm{FR}}{\mathrm{SM}}\right)^{\frac{1}{1+\mathrm{EX}}}\right] \tag{8.3.25}$$

式中：FR_0、FR 分别为上一时段和本时段的产流面积比例。

当 0<PE+AU<MS 时，地表径流量 RS 为

$$\mathrm{RS}=\mathrm{FR}\left[\mathrm{PE}+S_0\frac{\mathrm{FR}_0}{\mathrm{FR}}-\mathrm{SM}+\mathrm{SM}\left(1-\frac{\mathrm{PE}+\mathrm{AU}}{\mathrm{MS}}\right)^{\mathrm{EX}+1}\right] \tag{8.3.26}$$

当 PE+AU≥MS 时，地表径流量 RS 为

$$\mathrm{RS}=\mathrm{FR}\left(\mathrm{PE}+S_0\frac{\mathrm{FR}_0}{\mathrm{FR}}-\mathrm{SM}\right) \tag{8.3.27}$$

本时段的自由水蓄水量为

$$S = S_0 \frac{\mathrm{FR}_0}{\mathrm{FR}} + \frac{R - \mathrm{RS}}{\mathrm{FR}} \tag{8.3.28}$$

相应的壤中流径流量和地下径流量为

$$\mathrm{RI} = \mathrm{KI} \cdot S \cdot \mathrm{FR} \tag{8.3.29}$$

$$\mathrm{RG} = \mathrm{KG} \cdot S \cdot \mathrm{FR} \tag{8.3.30}$$

本时段末即下一时段初的自由水蓄水量为

$$S_0 = S(1 - \mathrm{KI} - \mathrm{KG}) \tag{8.3.31}$$

8.3.4 汇流计算

1. 二水源汇流计算

（1）地表径流汇流。采用时段单位线法，计算公式为

$$\mathrm{QS}_t = \mathrm{RS}_t * \mathrm{UH} \tag{8.3.32}$$

式中：QS_t为 t 时刻地表径流，m^3/s；RS_t为 t 时刻自由水蓄水库释放的地表径流深，mm；*为卷积运算符；UH 为时段单位线，m^3/s。

（2）地下径流汇流。可采用线性水库法或滞后演算法进行模拟。当采用线性水库法时，计算公式为

$$\mathrm{QG}_t = \mathrm{CG} \cdot \mathrm{QG}_{t-1} + (1 - \mathrm{CG}) \cdot \mathrm{RG}_t \cdot U \tag{8.3.33}$$

式中：QG_t为 t 时刻地下径流，m^3/s；CG 为地下水消退系数；RG_t为 t 时刻自由水蓄水库释放的地下径流深，mm；U 为单位换算系数。

（3）单元面积河网总入流量。单元面积河网总入流量为地表径流与地下径流之和，计算公式为

$$T_t = \mathrm{QS}_t + \mathrm{QG}_t \tag{8.3.34}$$

式中：T_t为 t 时刻单元面积河网总入流量，m^3/s。

（4）单元面积河网汇流量。可以采用线性水库法或滞后演算法进行计算。当采用滞后演算法时计算公式为

$$Q_t = \mathrm{CR} \cdot Q_{t-1} + (1 - \mathrm{CR}) \cdot T_{t-L} \tag{8.3.35}$$

式中：Q_t为 t 时刻单元面积出口汇流量，m^3/s；CR 为河网蓄水消退系数；L 为滞时，h。

（5）出流量。从单元面积以下到流域出口是河道汇流阶段，河道汇流计算采用马斯京根法。参数有 KE（h）和 XE，各单元河段的参数取值相同。为了保证马斯京根法的两个线性条件，每个单元河段取 $\mathrm{KE} \approx \Delta t$。已知 KE、XE 和 Δt，求出 C_0、C_1和 C_2，即可用式（8.3.36）进行河道演算：

$$O_t = C_0 \cdot I_t + C_1 \cdot I_{t-1} + C_2 \cdot O_{t-1} \tag{8.3.36}$$

式中：O_t、I_t分别为 t 时刻出流量和入流量，m^3/s；O_{t-1}、I_{t-1}分别为 $t-1$ 时刻出流量和入流量。

2. 三水源汇流计算

（1）地表径流汇流。地表径流的坡面汇流可以采用单位线法，也可以采用线性水库法，计算公式为

$$\mathrm{QS}_t = \mathrm{CI}\cdot \mathrm{QS}_{t-1} + (1-\mathrm{CI})\cdot \mathrm{RS}_t \cdot U \tag{8.3.37}$$

式中：U 为单位换算系数；CI 为壤中流消退系数。

（2）壤中流汇流。壤中流汇流计算可采用线性水库法或滞后演算法。当采用线性水库法时，计算公式为

$$\mathrm{QI}_t = \mathrm{CI}\cdot \mathrm{QI}_{t-1} + (1-\mathrm{CI})\cdot \mathrm{RI}_t \cdot U \tag{8.3.38}$$

式中：QI_t 为 t 时刻壤中流径流量，m^3/s；RI_t 为 t 时刻自由水蓄水库释放的壤中流径流深，mm。

（3）地下径流汇流。地下径流汇流采用线性水库法时，与二水源汇流计算相同。

（4）单元面积河网总入流。

$$T_t = \mathrm{QS}_t + \mathrm{QI}_t + \mathrm{QG}_t \tag{8.3.39}$$

式中：T_t 为 t 时刻单元面积河网总入流量，m^3/s。

（5）单元面积河网汇流。单元面积河网汇流采用滞后演算法时，与二水源汇流计算相同。

（6）单元面积以下河道汇流。单元面积以下河道的汇流计算与二水源汇流计算相同。

第9章

HBV 模型

9.1 模型概述

HBV模型为瑞典国家水文气象局于20世纪70年代开始研制的用于河流流量和污染物传播预测的半分布式概念性水文模型。事实证明，HBV模型在解决水资源问题上也具有较大的通用性和灵活性，已经在全世界不同气候条件下的40多个国家得到了很好的应用，应用尺度涵盖了不同大小的多个流域（徐宗学，2010）。

HBV模型得到了世界各地研究者的持续开发且具有多个版本。1972年，瑞典国家水文气象局首次将HBV模型用于径流模拟和水文预报；1975年，HBV模型加入了基本的积雪融雪模块，自此开发出积雪融雪模块、土壤含水量模块和径流响应模块三大模块，随后瑞典国家水文气象局在瑞典北部某一流域开发了第一个可操作的预报系统；1985年，HBV模型被用于水质模拟，人们开发了HBV模型的改进版——PULSE模型；随后，Lindström（1997）进一步发布了HBV-96模型，以实现由集总式模型向分布式模型的转变。针对模型应用目的开发的HBV-Light模型中还加入了冰川模块（Konz et al.，2010）。

我国目前对HBV模型的应用和研究比较少，应用较多的是中国科学院寒区旱区环境与工程研究所建立的西北干旱区内陆河出山径流概念性水文模型。

9.2 模型结构

9.2.1 模块结构

HBV模型是一个降雨径流模型，它包含了流域尺度上的水文过程的概念性数值描述，其一般水量平衡方程定义为

$$P-E-Q=\frac{\mathrm{d}}{\mathrm{d}t}(\mathrm{SP}+\mathrm{SM}+\mathrm{UZ}+\mathrm{LZ}+\mathrm{Lakes}) \tag{9.2.1}$$

式中：P为降水量；E为蒸散发量；Q为流量；SP为雪盖体积；SM为土壤含水量；UZ为表层地下含水层体积；LZ为深层地下含水层体积；Lakes为水体体积。

HBV模型可将流域划分为多个子流域，有利于考虑下垫面和降水空间分布的差异，并分别模拟各子流域的径流过程、河道汇流过程。HBV模型的输入数据为日降水量、气温和月潜在蒸发量，输出为日流量，模型主要包括积雪融雪模块（日温度法）、土壤含水量模块（土壤及地下水蓄水量计算）及径流响应模块。HBV模型的结构图如图9.2.1所示。

对于不同高程和植被带HBV模型的积雪融雪模块，利用融雪量计算程序独立计算积雪的堆积和融雪过程。当气温低于临界温度时，假定降水为降雪，并由此模拟降水或融雪的水蒸发和下渗过程，从而模拟出降水或融雪进入土壤的水量，用于计算损失量和径流量。

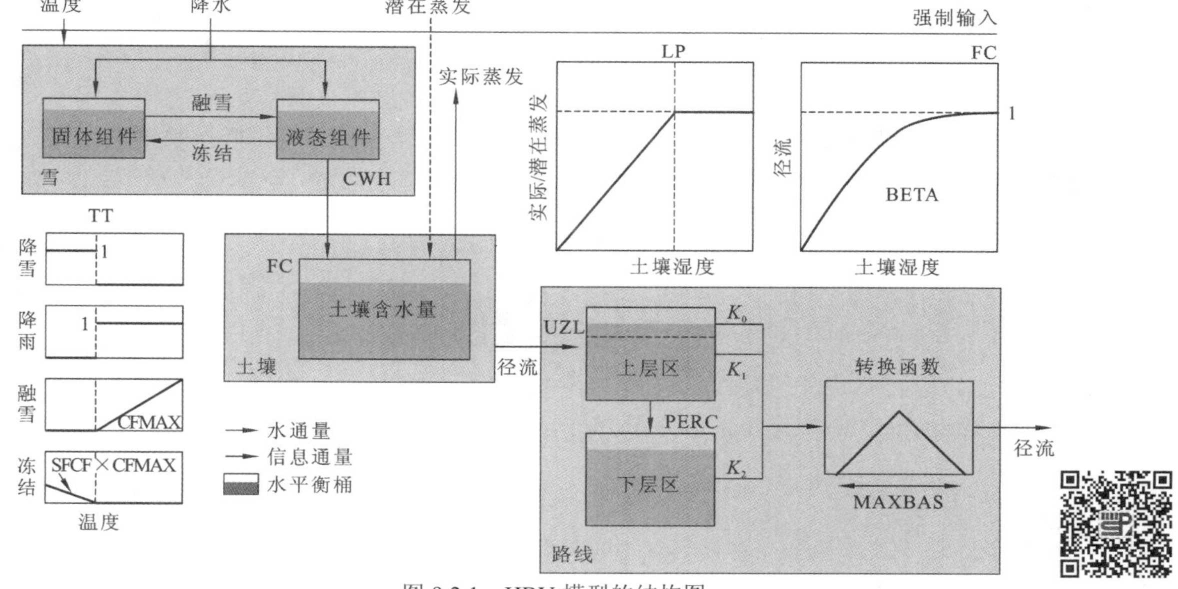

图 9.2.1　HBV 模型的结构图

TT 为临界温度；SFCF 为降雪修正因子；CFMAX 为融雪修正因子；CWH 为持水量；UZL 为上层土壤含水量的阈值；K_0、K_1、K_2 分别为地表径流、壤中流、基流退水系数；MAXBAS 为路径参数；PERC 为从模块上层到下层的最大流量

在 HBV 模型的土壤含水量模块中认为降水或融雪形成的径流量都是下垫面要素共同作用的结果，通过下垫面作用能够形成不同的径流成分。因此，HBV 模型将径流概化为不同层的盒子，分别模拟不同成分的径流量和径流响应。基于改进的水桶理论，HBV 模型假定流域储水能力服从统计分布，主要由 3 个自由参数控制：一定土壤含水量条件下降水或融雪对径流量的相对贡献系数 BETA、土壤最大蓄水量 FC、潜在蒸散发量变形曲线的形状控制参数 LP。土壤水的处理过程表明，当土壤含水量较小时，降水和融雪形成的径流也较小，反之，则较大。

标准的 HBV 模型通过马斯京根法与其他汇流公式相结合生成径流预报，同时径流预报过程也可以得到校验(在非常复杂的水库运行调度情况下，径流预报过程必须校验)。

9.2.2　模块计算

1. 积雪融雪模块

HBV 模型中的积雪融雪模块可以表述为：当气温在临界温度（TT）以下时，假定降水为降雪，为了计算未知的积雪量和冬天蒸发量，积雪量由降雪修正因子 SFCF 进行修正。

当气温在临界温度以上时，积雪开始融化，主要采用日温度法进行计算，计算公式为

$$\text{melt} = \text{CFMAX}[T(t) - \text{TT}] \tag{9.2.2}$$

$$\text{refreezing} = \text{SFCF} \cdot \text{CFMAX}[\text{TT} - T(t)] \tag{9.2.3}$$

式中：melt 为融雪量；refreezing 为积雪量；CFMAX 为融雪修正因子；$T(t)$为日平均温

度；TT 为临界温度。

2. 土壤含水量模块

土壤含水量模块中，采用土壤最大蓄水量 FC 和土壤含水量与田间持水量之比的阈值 LP 控制蒸散发的计算；而进入土壤的降水量则由 BETA 决定。计算公式如下：

$$E_{\text{act}} = E_{\text{pot}} \min\left\{\frac{\text{SM}(t)}{\text{FC}\cdot\text{LP}},1\right\} \tag{9.2.4}$$

$$\frac{\text{recharge}}{P(t)} = \left[\frac{\text{SM}(t)}{\text{FC}}\right]^{\text{BETA}} \tag{9.2.5}$$

式中：E_{act}、E_{pot} 为日实际和潜在蒸发量；SM(t)为第 t 天的土壤含水量；FC 为土壤最大蓄水量；recharge 为进入土壤的降水量；$P(t)$为第 t 天的降水量。

3. 径流响应模块

为了提高 HBV 模型在春夏天气冷暖异常变化时的模拟效果，引进了一个经过改进的蒸散发公式，该公式根据日平均气温和多年月平均气温的修正计算潜在蒸发量，计算公式为

$$E_{\text{pot}} = \{1 + C[T(t) - T_{\text{m}}]\}\cdot E \tag{9.2.6}$$

式中：C 为经验模型系数，$℃^{-1}$；T_{m} 为多年月平均气温，℃。

土壤含水量模块中产生的每个子流域的超渗水量，由径流响应计算程序转化为各子流域的出流量。计算程序中包括了三个线性水库，最后对产生的径流过程进行过滤修匀，其计算公式为

$$Q_{GW}(t) = K_2\cdot\text{SLZ} + K_1\cdot\text{SUZ} + K_0\cdot\max\{\text{SUZ} - \text{UZL},0\} \tag{9.2.7}$$

$$Q_{\text{sim}}(t) = \sum_{i=1}^{\text{MAXBAS}} c(i)Q_{GW}(t-i+1) \tag{9.2.8}$$

其中，

$$c(i) = \int_{i-1}^{i}\frac{2}{\text{MAXBAS}} - \left|u - \frac{\text{MAXBAS}}{2}\right|\cdot\frac{4}{\text{MAXBAS}^2}\text{d}u$$

式中：SUZ、SLZ 为上层和下层土壤含水量；UZL 为上层土壤含水量的阈值；K_0、K_1和 K_2 为地表径流、壤中流、基流的退水系数；MAXBAS 为路径参数；$Q_{GW}(t)$为径流响应得到的出流量；$Q_{\text{sim}}(t)$为经过过滤修匀的出流量。

径流响应模块中，水流在河道中演进时的坦化变形可以通过参数 LAG（即马斯京根法的 K_m，为槽蓄量-流量关系曲线的坡度）和 DAMP（即马斯京根法中的 x，为流量比重系数）模拟。如果 LAG 是整数，用参数 LAG 把河道分成几段，这样每一个河段都有滞时。一个河段的出流由本时段的入流、前一时段的入流和出流得出：

$$O_t = C_0 I_t + C_1 I_{t-1} + C_2 O_{t-1} \tag{9.2.9}$$

式中：I 为入流量；O 为出流量；t 为当前时段；t−1 为前一时段。系数 C_0、C_1 和 C_2 由式（9.2.10）～式（9.2.12）给出：

$$C_0 = \frac{0.5\Delta t - \text{LAG} \cdot \text{DAMP}}{0.5\Delta t + \text{LAG} - \text{LAG} \cdot \text{DAMP}} \tag{9.2.10}$$

$$C_1 = \frac{0.5\Delta t + \text{LAG} \cdot \text{DAMP}}{0.5\Delta t + \text{LAG} - \text{LAG} \cdot \text{DAMP}} \tag{9.2.11}$$

$$C_2 = \frac{-0.5\Delta t + \text{LAG} - \text{LAG} \cdot \text{DAMP}}{0.5\Delta t + \text{LAG} - \text{LAG} \cdot \text{DAMP}} \tag{9.2.12}$$

如果 LAG 不是整数，河段个数通过因子 n 确定，n 的选择是为了使 n×LAG 接近整数，这样 n 个河段就对应于一个滞时。

9.3 模型参数

HBV 模型参数的取值范围可以参考其他模型采用的率定值范围确定。表 9.3.1 中给出了 HBV 模型参数的取值范围（Uhlenbrook et al.，1999）。

表 9.3.1 HBV 模型参数的取值范围

参数	含义	最小值	最大值	单位
TT	临界温度	−1.5	2.5	℃
CFMAX	融雪修正因子	1	10	mm/（℃·d）
SFCF	降雪修正因子	0.4	1.0	—
CWH	持水量	0.0	0.2	—
CFR	冰冻系数	0.0	0.1	—
FC	土壤最大蓄水量	50	500	mm
LP	潜在蒸散发量变形曲线的形状控制参数（蒸发减少阈值）	0.3	1.0	—
BETA	一定土壤含水量条件下降水或融雪对径流量的相对贡献系数	1	6	—
CET	潜在蒸散发修正因子	0.0	0.3	℃$^{-1}$
K_0	地表径流退水系数	0.0	1.0	d^{-1}
K_1	壤中流退水系数	0.01	0.40	d^{-1}
K_2	基流退水系数	0.001	0.150	d^{-1}
PERC	从模块上层到下层的最大流量	0	3	mm/d
MAXBAS	路径参数	1	7	天

在原有的 HBV 模型中，洪水演算响应中的自由参数过多，使模型有过于参数化的危险，因此人们致力于开发一种含有较少参数的程序。例如，一个清晰的湖泊洪水演算程序能够简化模型中消退参数的率定。在模型率定中可以采用蒙特卡罗方法，首先将每个子流域应用在给定参数范围内的一定数目的随机同分布参数集，随后运行模型得到所有参数集，并计算衡量模型表现的不同目标函数值，最后针对每个子流域的最佳参数集进行全流域的检验。

在众多参数中，有些参数可以根据流域地形、气候、降水特点等直接确定，还有一些参数对模型的敏感性低，无须经过太多调试就可以确定参数值。对 HBV 模型参数与应用流域特征之间的关系进行研究得到了一些有用的结论。塞伯特（Seibert）发现：退水系数 K_1 与湖泊面积所占比例、流域面积呈负相关关系，K_2 随着湖泊面积所占比例、森林覆盖率的增大而减小，土壤含水量模块的参数 FC、BETA 与湖泊面积所占比例存在着正相关关系，此外，BETA 还随着流域面积的增大而增大。

9.4 模型演算

9.4.1 HBV 模型演算步骤

运用 HBV 模型修正某流域上给定的时段 1（1981 年 9 月）～31（1991 年 8 月）的参数，其中准备时段从 1981 年 1 月开始。这个流域与 HBV 模型匹配度非常高，因此可能会得出匹配度 $R_{eff}=1$。练习步骤如下。

（1）修正模型。首先从积雪融雪模块得出春汛的修正值，然后得出土壤含水量模块中的水平衡修正值，最后修正函数。这一过程将会用到迭代的方法。

（2）在修正的过程中，观察不同变量的区别，如土壤含水量和上层地下水含量。

（3）得出一个匹配得很好的结果后，改变参数值，再研究不同参数的改变所带来的影响。

（4）改变以下 1～2 个参数：TT，CFMAX，FC，BETA，LP，K_0，K_1，K_2，PERC，UZL，MAXBAS，SFCF。

（5）在运行模型之前，讨论期望得出的效果（例如，春季的径流越多，降水的影响越慢）。

9.4.2 演算表格

表 9.4.1 为 HBV 模型演算表格，其时间间隔为一天，计算所用参数均已给定并列于表注中，模型的初始状态已给出。

表 9.4.1　HBV 模型演算表格

时段（时间间隔为24 h）	$T<\mathrm{TT}$			$T \geq \mathrm{TT}$				输入月蒸散发		
	降水量 P_1 /（mm/d）	温度 T /℃	降雪量 P_2 /（mm/d）	降水量 /（mm/d）	降雪量 /（mm/d）	融雪量 /（mm/d）	冻结量 R /（mm/d）	多年月平均温度 /℃	多年月平均蒸散发量 /（mm/d）	多年月平均融雪量 /（mm/d）
（1）	（2）	（3）	（4）	（5）	（6）	（7）	（8）	（9）	（10）	（11）
1	5	−1.5						0.0	0	0.000
2	5	−0.8						1.4	5	0.161
3	5	−2.8						−0.3	5	0.179
4	5	−3.7						2.6	20	0.645
5	5	−6.1						6.3	50	1.667
6	10	−3.0						10.9	95	3.065
7	10	−0.7						14.2	115	3.833
8	40	1.8						16.4	125	4.032
9	40	0.6						15.6	100	3.226
10	30	1.8						12.7	70	2.333
11	10	1.2						8.3	30	0.968
12	10	1.5						2.9	10	0.333
13	5	1.1						−0.4	5	0.161
14	5	−0.5								
15		−3.2								
16		−0.9								
17		3.2								
18		−1.5								
19		−2.8								
20		−5.1								

续表

时段（时间间隔为24 h）	潜在蒸发量 E_{pot}/（mm/d）	实际蒸发量 E_{act}/（mm/d）	土壤含水量 SM/mm	进入土壤的水量 dq /（mm/d）	上层土壤含水量 SUZ/mm	下层土壤含水量 SLZ/mm	地表径流量 Q_0 /（mm/d）	表层地下水量 Q_1 /（mm/d）	深层地下水量 Q_2 /（mm/d）	总入流量 QU /（mm/d）	流域出流量 Q /（mm/d）	断面平均径流量 q_m /（m^3/s）
（1）	（12）	（13）	（14）	（15）	（16）	（17）	（18）	（19）	（20）	（21）	（22）	（23）
1			100		30	70	0				0	
2												
3												
4												
5												
6												
7												
8												
9												
10												
11												
12												
13												
14												
15												
16												
17												
18												
19												
20												

注：流域面积 $F=100\ km^2$；第 2～8 列中临界温度 TT=0；第 12、13 列中 FC=240 mm，LP=0.5，BETA=2；第 14、15 列中 CET=0.1 $℃^{-1}$，初始土壤含水量=100 mm；第 16、17 列中 UZL=30 mm；第 19～21 列中 $K_0=0.25\ d^{-1}$，$K_1=0.1\ d^{-1}$，$K_2=0.01\ d^{-1}$；第 22、23 列中 LAG=6 h，DAMP=0.4。

9.4.3　HBV 模型演算表格计算公式

1. 积雪融雪模块“2～8”（列序号）

当$T<\mathrm{TT}$时，降雪量与降水量相同，即$P_2=P_1$；积雪量$\mathrm{refreezing}(i)=\mathrm{refreezing}(i-1)+P_2(i)$；水量 $\mathrm{Lwater}\,(i)=0$ 。

当T≥TT 时，降雪量$P_2=0$；积雪量

$$\mathrm{refreezing}\,(i)=\max\{\mathrm{refreezing}\,(i-1)-d(s)\cdot[T(i)-\mathrm{TT}],0\}$$

水量

$$\mathrm{Lwater}\,(i)=P_1(i)+\min\{\mathrm{refreezing}\,(i-1),d(s)\cdot[T(i)-\mathrm{TT}]\}$$

融雪量

$$\mathrm{melt}=\mathrm{CFMAX}[T(i)-\mathrm{TT}]$$

冻结量

$$R=\mathrm{CFR}\cdot\mathrm{CFMAX}\cdot[\mathrm{TT}-T(i)]$$

其中，$d(s)$为s深度处融雪参数，单位为 mm/（℃·d）。

2. 土壤含水量模块“12～17”（列序号）

潜在蒸发量

$$E_{\mathrm{pot}}(i)=(1+C\cdot\{T(i)-T_{\mathrm{m}}[\mathrm{month\_list}(t)+1]\})\cdot\mathrm{dpem}[\mathrm{month\_list}(t)+1]$$

其中，$\mathrm{month\_list}(t)$ 代表当前时刻位于的月数，dpem 为月平均蒸发量。

当土壤含水量$\mathrm{SM}\,(i-1)>\mathrm{FC}\cdot\mathrm{LP}$时，实际蒸发量$E_{\mathrm{act}}\,(i)=E_{\mathrm{pot}}\,(i)$ 。

当$\mathrm{SM}(i-1)\leqslant\mathrm{FC}\cdot\mathrm{LP}$时，实际蒸发量

$$E_{\mathrm{act}}\,(i)=E_{\mathrm{pot}}\,(i)\frac{\mathrm{SM}\,(i-1)}{\mathrm{FC}\cdot\mathrm{LP}}$$

进入土壤的水量

$$\mathrm{dq}(i)=\mathrm{Lwater}\,(i)\cdot\left[\frac{\mathrm{SM}\,(i-1)}{\mathrm{FC}}\right]^{\mathrm{BETA}}$$

土壤含水量

$$\mathrm{SM}(i)=\mathrm{SM}(i-1)+\mathrm{Lwater}\,(i)\Delta t-\mathrm{dq}(i)\Delta t-E_{\mathrm{act}}\,(i)\Delta t$$

Δt 为时间间隔，取 1 天，上层土壤含水量

$$\begin{aligned}\mathrm{SUZ}(i)=&\mathrm{SUZ}(i-1)+\mathrm{dq}(i)\Delta t-\max\{0,\mathrm{SUZ}(i-1)-\mathrm{UZL}\}\cdot K_0\Delta t\\&-[\mathrm{SUZ}(i-1)\cdot K_1\Delta t]-[\mathrm{SUZ}(i-1)\cdot k_p]\end{aligned}$$

下层土壤含水量

$$\mathrm{SLZ}(i)=\mathrm{SLZ}(i-1)+[\mathrm{SUZ}(i-1)\cdot k_p]-\mathrm{SLZ}(i-1)\cdot K_2\Delta t$$

其中，k_p 为上层土壤到下层土壤的下渗系数。

3. 径流响应模块“18～23”（列序号）

地表径流量 $Q_0(i)=\max\{0,\mathrm{SUZ}(i)-30\}\cdot K_0$；表层地下水量 $Q_1(i)=\mathrm{SUZ}(i)\cdot K_1$；深层地下水量 $Q_2(i)=\mathrm{SLZ}(i)\cdot K_2$；总入流量 $\mathrm{QU}(i)=Q_0(i)+Q_1(i)+Q_2(i)$；流域出流量 $Q(i+1)=C_0\cdot\mathrm{QU}(i+1)+C_1\cdot\mathrm{QU}(i)+C_2\cdot\mathrm{QU}(i)$。

其中，

$$C_0=\frac{0.5\Delta t-\mathrm{LAG}\cdot\mathrm{DAMP}}{0.5\Delta t+\mathrm{LAG}-\mathrm{LAG}\cdot\mathrm{DAMP}}$$

$$C_1=\frac{0.5\Delta t+\mathrm{LAG}\cdot\mathrm{DAMP}}{0.5\Delta t+\mathrm{LAG}-\mathrm{LAG}\cdot\mathrm{DAMP}}$$

$$C_2=\frac{-0.5\Delta t+\mathrm{LAG}-\mathrm{LAG}\cdot\mathrm{DAMP}}{0.5\Delta t+\mathrm{LAG}-\mathrm{LAG}\cdot\mathrm{DAMP}}$$

断面平均径流量为

$$q_{\mathrm{m}}(i)=\frac{Q(i)\cdot F\cdot 1000}{86400}$$

第10章

萨克拉门托模型

10.1 模型概述

萨克拉门托模型是美国国家天气局水文办公室萨克拉门托预报中心于 20 世纪 70 年代初期在第 IV 号斯坦福流域水文模型的基础上改进和发展得到的。1973 年研制成功了日流量模拟程序，1975 年又进一步提出了 6 h 时段模拟程序，因它始用于萨克拉门托河而得名。萨克拉门托模型功能较完善，能应用于大、中流域，又能适应湿润地区和干旱地区，它在美国的水文预报中得到了较广泛的应用，也是我国引进的模型中人们较为熟悉的模型之一。

萨克拉门托模型兼有蓄满产流与超渗产流的特点，其中流域分单元，总径流分水源；模型所涉及的参数多，在参数率定时难以优选；其产流计算复杂，但汇流计算相对简单，甚至可以根据需要自行配置。

10.2 模型结构

萨克拉门托模型是集总参数型的概念性流域水文模型。模型中的每一个变量代表水文循环中的一个相对独立的层次和特性。模型参数根据流域特性、降雨、径流资料推求。萨克拉门托模型的基本结构如图 10.2.1 所示。

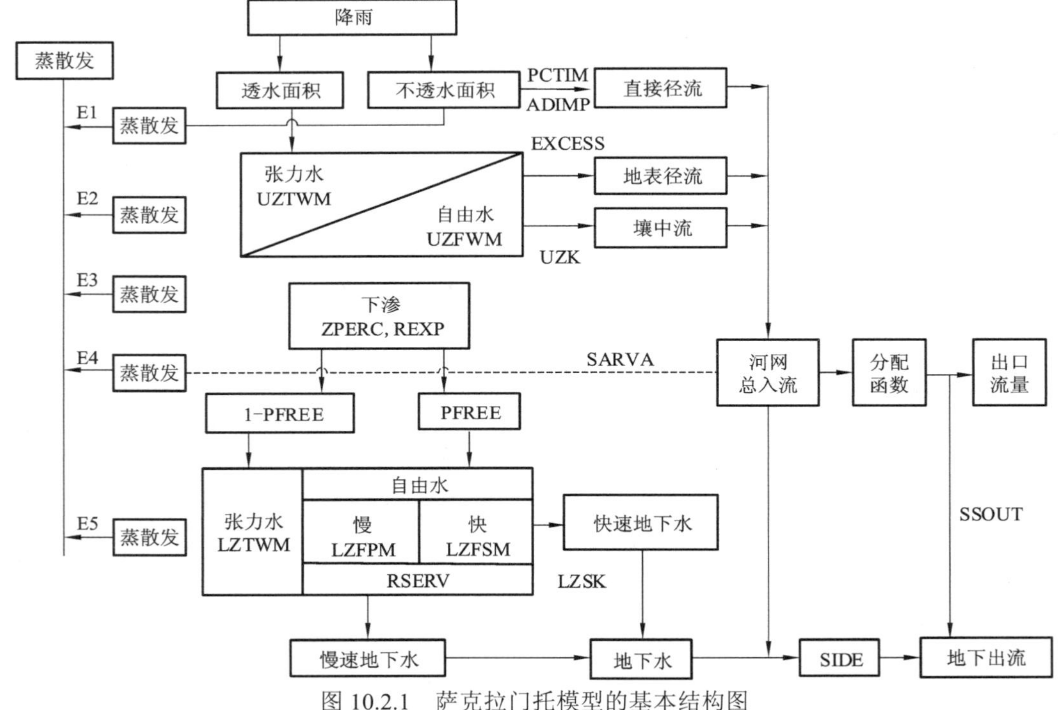

图 10.2.1　萨克拉门托模型的基本结构图

EXCESS 为土壤饱和区流出的水量

10.2.1 流域划分

按下垫面对降雨产流的不同作用，萨克拉门托模型将流域分为永久不透水面积（占全流域面积的比例为 PCTIM）、可变不透水面积（占全流域面积的比例为 ADIMP）和透水面积（占全流域面积的比例 PAREA＝1－PCTIM－ADIMP）。

10.2.2 土层划分

在透水面积上，根据土壤垂向分布的不均匀性将土壤分为上土层和下土层。

10.2.3 土壤水分划分

萨克拉门托模型将每层土壤的水分划分为张力水和自由水；张力水消耗于蒸散发，而自由水可以产流。

10.2.4 水源划分及产流机制

1. 水源划分

萨克拉门托模型将水源划分为直接径流、地表径流、壤中流、快速地下水和慢速地下水。

2. 产流机制

萨克拉门托模型中的产流机制分为直接径流、地表径流、壤中流、快速地下水和慢速地下水。

10.2.5 流域蒸散发

萨克拉门托模型中的蒸散发计算采用线性模型，流域的蒸散发量由五部分组成，分别为：①透水面积上的上土层张力水蒸散发量 E1；②透水面积上的上土层自由水蒸散发量 E2；③透水面积上的下土层张力水蒸散发量 E3；④河道中的水面蒸散发量 E4；⑤不透水面积上的蒸散发量 E5。

10.3 模型参数

萨克拉门托模型的主要参数见表 10.3.1。

表 10.3.1 萨克拉门托模型参数表

参数编号	参数符号	参数意义
1	PCTIM	永久不透水面积占全流域面积的比例（%）
2	ADIMP	可变不透水面积占全流域面积的比例（%）
3	UZTWM	上土层张力水容量（mm）
4	UZFWM	上土层自由水容量（mm）
5	LZTWM	下土层张力水容量（mm）
6	LZFSM	下土层快速自由水容量（mm）
7	LZFPM	下土层慢速自由水容量（mm）
8	RSERV	下土层自由水中不参与蒸散发的比例（%）
9	PFREE	补充自由水占从上土层向下土层下渗的水量的比例（%）
10	SARVA	河网、湖泊及水生植物面积占全流域面积的比例（%）
11	ZPERC	与最大下渗率有关的参数
12	REXP	下渗曲线指数
13	UZK	上土层自由水日出流系数
14	LZSK	下土层快速地下水日出流系数
15	LZPK	下土层慢速地下水日出流系数
16	SIDE	不闭合地下水出流占出流量的比例（%）
17	SSOUT	不闭合地表水出流占出流量的比例（%）

萨克拉门托模型参数多，相互关系复杂。下面主要讨论模型中产流部分的 12 个参数（UZTWM、LZTWM、LZFPM、LZFSM、ZPERC、REXP、UZK、LZPK、LZSK、PFREE、RSERV、UZFWM），其余次要参数及汇流参数不加讨论，可参阅有关参考文献。

UZFWM、ZPERC、REXP、PFREE 为有关下渗的参数，在渗透性特别大的流域中需要特别考虑。其中，UZFWM 对水源划分能产生明显影响，对计算精度也有一定的影响；PFREE 在一般范围内相对不敏感，当 PFREE 增加时，流域蓄满产流的总径流量 R 与稳定的下渗量成为地下径流量 RG 的量将增加。有关蒸散发的 4 个参数除 UZK 对地表径流量 RS/壤中流径流量 RI 有一定的影响外，其余参数对计算精度影响不大。萨克拉门托模型中作用最大的值是稳定下渗率 PBASE。

10.4 模 型 计 算

10.4.1 蒸散发计算

（1）透水面积上的上土层张力水蒸散发量：

$$E1=\begin{cases}EP\cdot\dfrac{UZTWC}{UZTWM}, & UZTWC\geqslant EP\\ UZTWC, & UZTWC<EP\end{cases},\tag{10.4.1}$$

式中：UZTWC 为上土层张力水蓄量，mm；EP 为流域的蒸散发能力，mm。

（2）透水面积上的上土层自由水蒸散发量：

$$E2=\begin{cases}0, & EP-E1=0\\ EP-E1, & UZFWC\geqslant EP-E1\\ UZFWC, & UZFWC<EP-E1\end{cases}\tag{10.4.2}$$

式中：UZFWC 为上土层自由水蓄量。

（3）透水面积上的下土层张力水蒸散发量：

$$E3=(EP-E1-E2)\frac{LZTWC}{UZTWM+LZTWM}\tag{10.4.3}$$

式中：LZTWC 为下土层张力水蓄量，mm。

（4）河道中的水面蒸散发量：

$$E4=\begin{cases}EP\cdot SARVA, & SARVA\leqslant PCTIM\\ EP\cdot SARVA-(E1+E2+E3)\cdot SP, & SARVA>PCTIM\end{cases}\tag{10.4.4}$$

其中，SP＝SARVA−PCTIM。

（5）不透水面积上的蒸散发量：

$$E5=E1+(EP-E1)\frac{ADIMC-UZTWC}{UZTWM+LZTWM}\tag{10.4.5}$$

式中：ADIMC 为可变不透水面积上的蓄量，mm。

10.4.2　产流计算

（1）直接径流。直接径流由永久不透水面积上形成的直接径流和可变不透水面积上形成的直接径流两部分组成。其中，永久不透水面积上的降雨量 P 形成的直接径流量为

$$ROIMO=P\cdot PCTIM\tag{10.4.6}$$

可变不透水面积上形成的直接径流量为

$$ADDRO=PAV\left(\frac{ADIMC-UZTWC}{LZTWM}\right)\tag{10.4.7}$$

式中：PAV 为有效降雨量，mm。

总的直接径流量$=ROIMO+ADDRO$。

（2）地表径流。上土层自由水已达到其容量值 UZFWM 后，超过部分形成的地表径流为

$$ADSUR=PAV\cdot PAREA\tag{10.4.8}$$

（3）壤中流。上土层自由水的侧向出流产生壤中流，假定出流与蓄水量呈线性关系。日出流量为

$$RI_D=UZFWC\cdot UZK\cdot PAREA\tag{10.4.9}$$

时段出流量为

$$\mathrm{RI}_{\Delta t}=\mathrm{UZFWC}\cdot\left[1-(1-\mathrm{UZK})^{\frac{\Delta t}{24}}\right]\cdot\mathrm{PAREA} \tag{10.4.10}$$

式中：UZFWC 为上土层自由水蓄量，mm；Δt 为计算时段，h。

（4）快速地下水。假定快速地下水出流量与蓄水量呈线性关系。日出流量为

$$\mathrm{RG}_{\mathrm{SD}}=\mathrm{LZFSC}\cdot\mathrm{LZSK}\cdot\mathrm{PAREA} \tag{10.4.11}$$

时段出流量为

$$\mathrm{RG}_{\mathrm{S}\Delta t}=\mathrm{LZFSC}\cdot\left[1-(1-\mathrm{LZSK})^{\frac{\Delta t}{24}}\right]\cdot\mathrm{PAREA} \tag{10.4.12}$$

式中：LZFSC 为下土层快速地下水蓄量，mm。

（5）慢速地下水。假定慢速地下水出流量与蓄水量呈线性关系。日出流量为

$$\mathrm{RG}_{\mathrm{PD}}=\mathrm{LZFPC}\cdot\mathrm{LZPK}\cdot\mathrm{PAREA} \tag{10.4.13}$$

时段出流量为

$$\mathrm{RG}_{\mathrm{P}\Delta t}=\mathrm{LZFPC}\cdot\left[1-(1-\mathrm{LZPK})^{\frac{\Delta t}{24}}\right]\cdot\mathrm{PAREA} \tag{10.4.14}$$

式中：LZFPC 为下土层慢速地下水蓄量，mm。

10.4.3　下渗量计算

假定稳定下渗率 PBASE 为下土层饱和时的下渗率，即

$$\mathrm{PBASE}=\mathrm{LZFSM}\cdot\mathrm{LZSK}+\mathrm{LZFPM}\cdot\mathrm{LZPK} \tag{10.4.15}$$

实际稳定下渗能力与上土层自由水蓄量成正比，即

$$\mathrm{PERC}=\mathrm{PBASE}\cdot\frac{\mathrm{UZFWC}}{\mathrm{UZFWM}} \tag{10.4.16}$$

式中：PERC 为下渗率。

当下土层缺水时，缺水率为

$$\mathrm{DEFR}=1-\frac{\mathrm{LZFPC}+\mathrm{LZFSC}+\mathrm{LZTWC}}{\mathrm{LZFPM}+\mathrm{LZFSM}+\mathrm{LZTWM}} \tag{10.4.17}$$

下渗率与下土层的缺水程度有关，当上土层饱和，而下土层最干旱时，下渗率最大，下渗率为

$$\mathrm{PERC}=\mathrm{PBASE}(1+\mathrm{ZPERC}\cdot\mathrm{DEFR}^{\mathrm{REXP}}) \tag{10.4.18}$$

下渗曲线示意图见图 10.4.1。

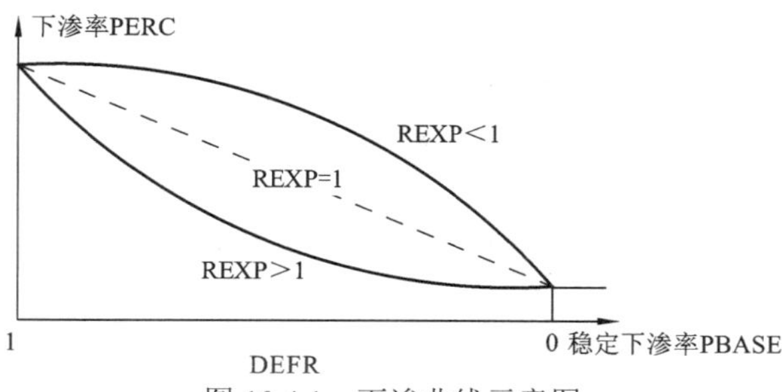

图 10.4.1　下渗曲线示意图

若上土层自由水并非充分供水，渗透率与上土层自由水的供水量有关，实际下渗率为

$$\mathrm{PERC}=\mathrm{PBASE}(1+\mathrm{ZPERC}\cdot\mathrm{DEFR}^{\mathrm{REXP}})\frac{\mathrm{UZFWC}}{\mathrm{UZFWM}} \tag{10.4.19}$$

10.4.4　下渗水量分配

下渗到下土层的水量还要进行分配。其中 $\mathrm{PERC}\cdot\mathrm{PFREE}$ 为进入下土层的自由水，而 $\mathrm{PERC}(1-\mathrm{PFREE})$ 为进入下土层的张力水。进入下土层的自由水，按快速自由水、慢速自由水的缺水程度进行分配。分配给慢速自由水的水量为

$$\mathrm{PERCP}=(\mathrm{PERC}\cdot\mathrm{PFREE})\zeta \tag{10.4.20}$$

其中，

$$\zeta=\frac{\mathrm{LZFPM}}{\mathrm{LZFPM}+\mathrm{LZFSM}}\cdot\frac{2\left(1-\dfrac{\mathrm{LZFPC}}{\mathrm{LZFPM}}\right)}{\left[\left(1-\dfrac{\mathrm{LZFPC}}{\mathrm{LZFPM}}\right)+\left(1-\dfrac{\mathrm{LZFSC}}{\mathrm{LZFSM}}\right)\right]}$$

分配给快速自由水的水量为

$$\mathrm{PERCS}=(\mathrm{PERC}\cdot\mathrm{PFREE})-\mathrm{PERCP} \tag{10.4.21}$$

当渗透水量超过下土层的缺水量时，将发生反馈，反馈水量增加上土层的自由水蓄量。反馈水量为

$$\mathrm{CHECK}=(\mathrm{PERC}+\mathrm{LZFPC}+\mathrm{LZFSC}+\mathrm{LZTWC})-\mathrm{LPSW} \tag{10.4.22}$$

其中，$\mathrm{LPSW}=\mathrm{LZFPM}+\mathrm{LZFSM}+\mathrm{LZTWM}$。

10.4.5　限制与平衡校核

当上土层张力水含水率小于上土层自由水的含水率，也就是 $\dfrac{\mathrm{UZFWC}}{\mathrm{UZFWM}}>\dfrac{\mathrm{UZTWC}}{\mathrm{UZTWM}}$ 时，自由水将补充张力水，使两者的含水率相等（两种蓄量与它们的容量的比值相等而总蓄量不变），即

$$\mathrm{UZTWC}=\mathrm{UZTWM}\frac{\mathrm{UZTWC}+\mathrm{UZFWC}}{\mathrm{UZTWM}+\mathrm{UZFWM}} \tag{10.4.23}$$

$$\mathrm{UZFWC}=\mathrm{UZFWM}\frac{\mathrm{UZTWC}+\mathrm{UZFWC}}{\mathrm{UZTWM}+\mathrm{UZFWM}} \tag{10.4.24}$$

当 $\dfrac{\mathrm{LZTWC}}{\mathrm{LZTWM}}<\dfrac{\mathrm{LZFPC}+\mathrm{LZFSC}-\mathrm{SAVED}+\mathrm{LZTWC}}{\mathrm{LZFPM}+\mathrm{LZFSM}-\mathrm{SAVED}+\mathrm{LZTWM}}$ 时，先由快速自由水补充张力水，不足部分由慢速自由水补充，即

$$\mathrm{DEL}=\left(\frac{\mathrm{LZFPC}+\mathrm{LZFSC}-\mathrm{SAVED}+\mathrm{LZTWC}}{\mathrm{LZFPM}+\mathrm{LZFSM}-\mathrm{SAVED}+\mathrm{LZTWM}}-\frac{\mathrm{LZTWC}}{\mathrm{LZTWM}}\right)\mathrm{LZTWM} \tag{10.4.25}$$

$$LZTWC = LZFPM + DEL \text{ 或 } LZFSC - DEL \text{或} LZFPC - DEL \quad (10.4.26)$$

式中：DEL 为下土层自由水向张力水的交换量；SAVED 为不参与蒸散发的自由水蓄量，SAVED = RSERV(LZFPM + LZFSM)。

若下渗率 PERC 超过下土层总缺水量，以下土层饱和为限，其余留在上土层 UZFWC 中。若进入快速自由水的下渗量 PERCS 超过其缺水量，以快速自由水饱和为限，其余留在 LZFPC 中。每一个计算时段都做水量平衡校核，校核的误差放在 UZFWC 中。

10.4.6 流域汇流计算

萨克拉门托模型将流域汇流计算分为坡面汇流和河网汇流两部分，计算的直接径流和地表径流直接进入河网，而壤中流、快速地下水和慢速地下水用线性水库模拟。各种水源的总和扣除时段内的水面蒸散发 E4，即得河网总入流。河网汇流一般采用无因次单位线模拟。

第 11 章

水箱模型

11.1 模型概述

水箱模型最早由日本菅原正巳博士在20世纪40年代提出，其基本原理是将由降雨转换为径流的复杂过程简单地归纳为流域的蓄水量与出流量的关系进行模拟，应用较为广泛。水箱模型是一种概念性径流模型。

水箱模型可以将流域雨洪过程的各个环节（产流、坡面汇流、河道汇流等）用若干个彼此相互联系的水箱进行模拟。例如，将一个流域视为一个水箱，将降雨径流过程模拟为若干个水箱的调蓄作用，水箱模拟降雨径流示意图如图11.1.1所示。

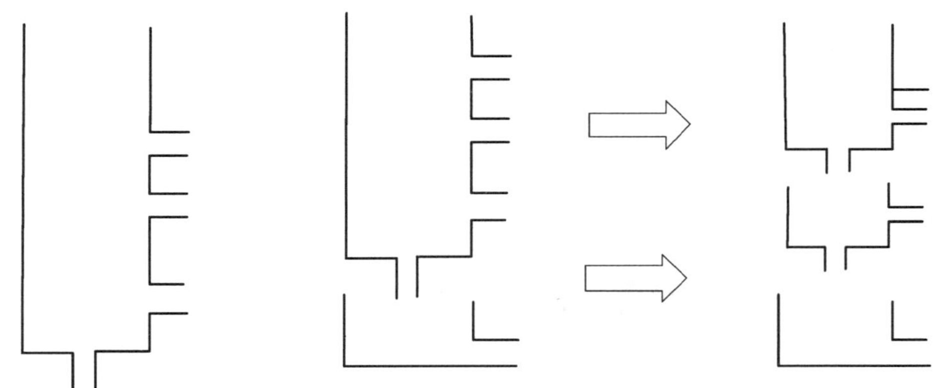

（a）下渗和蓄水深成正比　（b）底层水箱没有下渗，模拟产汇流　（c）顶层水箱模拟部分净雨，下层水箱模拟地下径流

图11.1.1　水箱模拟降雨径流示意图

11.2 模型结构

11.2.1 单一水箱模型

简单的单一水箱模型如图11.2.1所示。令 x_1 为时段初的蓄水量，q_1 为时段出流量，f_1 为时段下渗量，a_0 为下渗系数，a_1、a_2 为出流系数，h_1、h_2 为出流孔高度，h_s 为土壤达到饱和时的水深，f_s 为土壤达到饱和时的下渗量。

出流量为

$$q_1 = \begin{cases} 0, & x_1 \leqslant h_1 \\ (x_1 - h_1)a_1, & h_1 < x_1 \leqslant h_2 \\ (x_1 - h_1)a_1 + (x_1 - h_2)a_2, & x_1 > h_2 \end{cases} \tag{11.2.1}$$

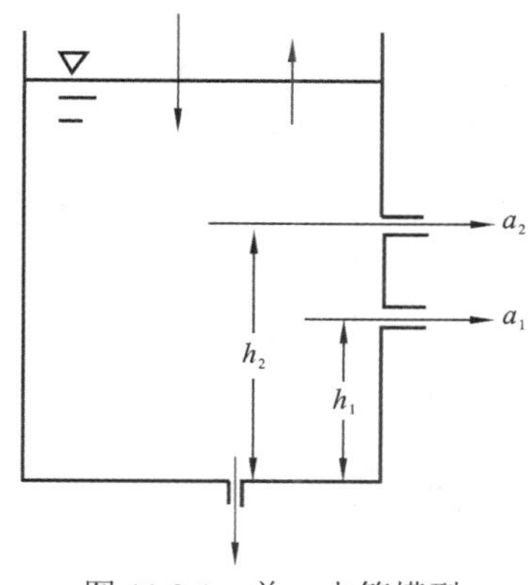

图 11.2.1 单一水箱模型

下渗量为

$$f_1 = \begin{cases} x_1 \cdot a_0, & x_1 \leqslant h_s \\ f_s, & x_1 > h_s \end{cases} \tag{11.2.2}$$

设时段末的蓄水量为 x_e，时段降水量为 p，时段蒸发量为 e，则

$$x_e = x_1 + p - e - q_1 - f_1 \tag{11.2.3}$$

重复上述计算过程，即可逐时段算出径流过程。可见，当水箱的出流孔有两个以上时，径流与蓄水量的关系不是线性的，随着蓄水量的增加径流将加速增大。因此，增加出流孔数可以模拟蓄水量与出流量之间的非线性。

11.2.2 湿润地区水箱模型

1. 水箱结构

湿润地区的水箱模型采用几个垂直串联的单列水箱来模拟降雨径流过程，如图 11.2.2 所示。顶层水箱出流模拟地表径流，第二层水箱出流模拟壤中流，第三、四层水箱出流分别模拟浅层和深层地下水。水箱模型将每层的出流过程线性叠加即为流域总径流过程。可以再并联一个水箱，将上面计算的总的径流过程再进行一次线性水库的调蓄，以此考虑河槽的调蓄作用。

2. 土壤水分结构

在水箱模型中为考虑干旱季节土壤水的影响可以在顶层水箱内设置土壤水分结构，分层水箱如图 11.2.3 所示。当有降雨时，降雨首先补充容易渗透的土壤空隙，然后向不易渗透的土壤空隙移动。在水箱模型中，将土壤中的水分分为第一土壤水分层和第二土壤水分层。有效降雨首先渗透到第一土壤水分层，当第一土壤水分层饱和以后，剩余部分成为第一层水箱的自由水，出流和下渗均由自由水提供。第一土壤水分层中的

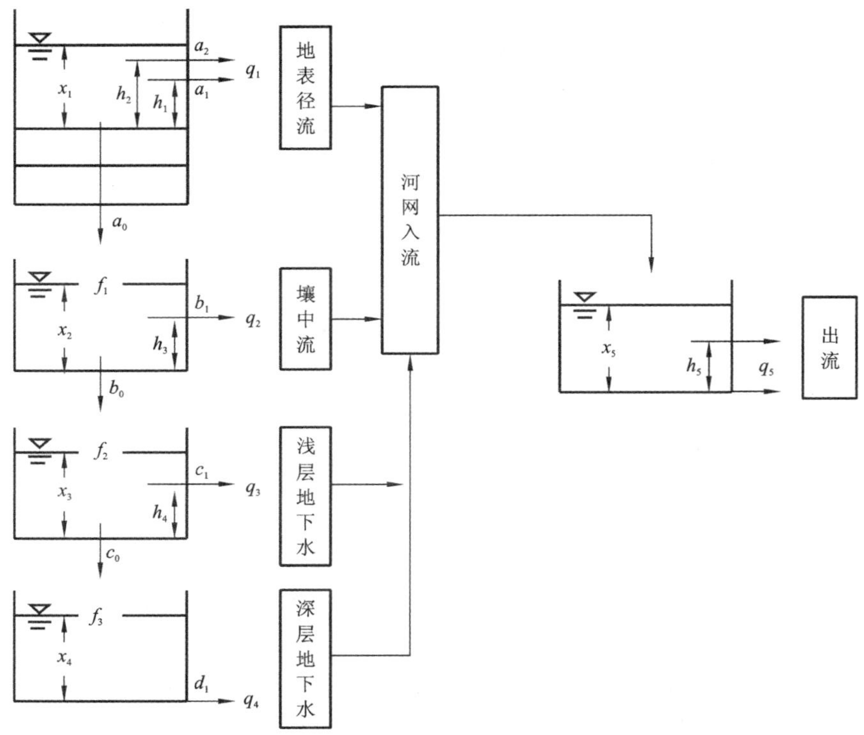

图 11.2.2 湿润地区降雨径流过程水箱模型

x_i 为各层时段初的蓄水量；q_i 为各层出流量；f_i 为各层下渗量；a_0、b_0、c_0 为下渗系数；a_1、a_2、b_1、c_1、d_1 为出流系数；h_i 为出流孔高度

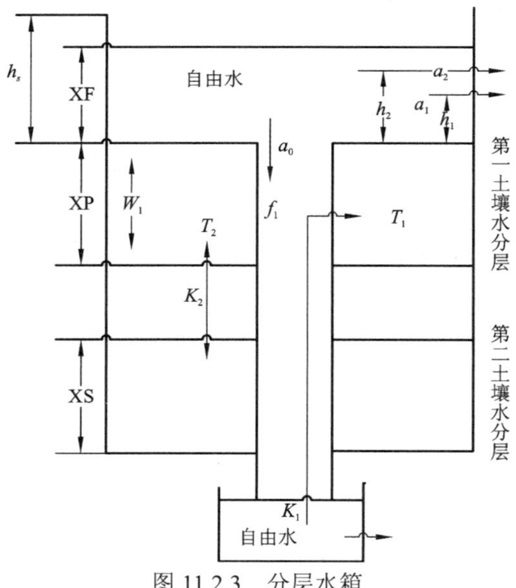

图 11.2.3 分层水箱

水分逐渐向第二土壤水分层渗透。在水箱模型中，设第一土壤水分层、第二土壤水分层的饱和容量分别为 W_1 和 W_2。第一土壤水分层的蓄水量 XP 和自由水蓄量 XF 组成上层

水箱总的蓄水量 XA，则

$$\mathrm{XF}=\begin{cases}0, & \mathrm{XA}\leqslant W_1\\ \mathrm{XA}-W_1, & \mathrm{XA}>W_1\end{cases} \tag{11.2.4}$$

当第一土壤水分层不饱和时，如果下层水箱中有足够的自由水，则由下层水箱的自由水补充，补充量为

$$T_1=K_1\cdot\min\{X_2,W_1-\mathrm{XP}\} \tag{11.2.5}$$

式中：T_1 为补充量；K_1 为来自自由水的补充速率；X_2 为下层自由水蓄量。

在水箱模型中，第一层和第二层土壤张力水之间会进行水分交换，直到含水率相同，即平衡点为

$$\mathrm{XP}^{(0)}=(\mathrm{XP}+\mathrm{XS})\cdot\frac{W_1}{W_1+W_2} \tag{11.2.6}$$

$$\mathrm{XS}^{(0)}=(\mathrm{XP}+\mathrm{XS})\cdot\frac{W_2}{W_1+W_2} \tag{11.2.7}$$

式中：XS 为第二土壤水分层的蓄水量。

在水箱模型中，第一土壤水分层和第二土壤水分层之间也可以进行水分交换，设第二土壤水分层的蓄水量为 XS，其交换量为

$$T_2=K_2\cdot\frac{\mathrm{XS}\cdot W_1-\mathrm{XP}\cdot W_2}{W_1+W_2} \tag{11.2.8}$$

式中：T_2 为交换量；K_2 为来自张力水的交换速率。

3. 模型计算

（1）蒸散发计算。在水箱模型中，蒸散发计算没有固定的模式。

（2）土壤水分计算。土壤水分计算见式（11.2.4）～式（11.2.8）。

（3）产流量与下渗量计算。有效降雨首先进入顶层水箱中，当蓄水超过出流孔高度时开始出流，下渗与降雨同时发生，并从底孔渗出，上一层的下渗即为下层入流。

11.2.3　干旱地区水箱模型

在干旱地区或湿润地区的干旱季节，需要考虑流域内土壤含水量的不均匀分布；还需要考虑产流有先（湿润地区）有后（干燥地区）。因此，在水箱模型中必须考虑产流面积的变化及土壤水分对蒸散发的影响。

1. 流域分带

为了考虑产流面积的变化，将流域沿河槽逐级划分为 m 带，并求出每一带的面积 S_1，S_2，…，S_m，干旱地区水箱模型如图 11.2.4 所示。

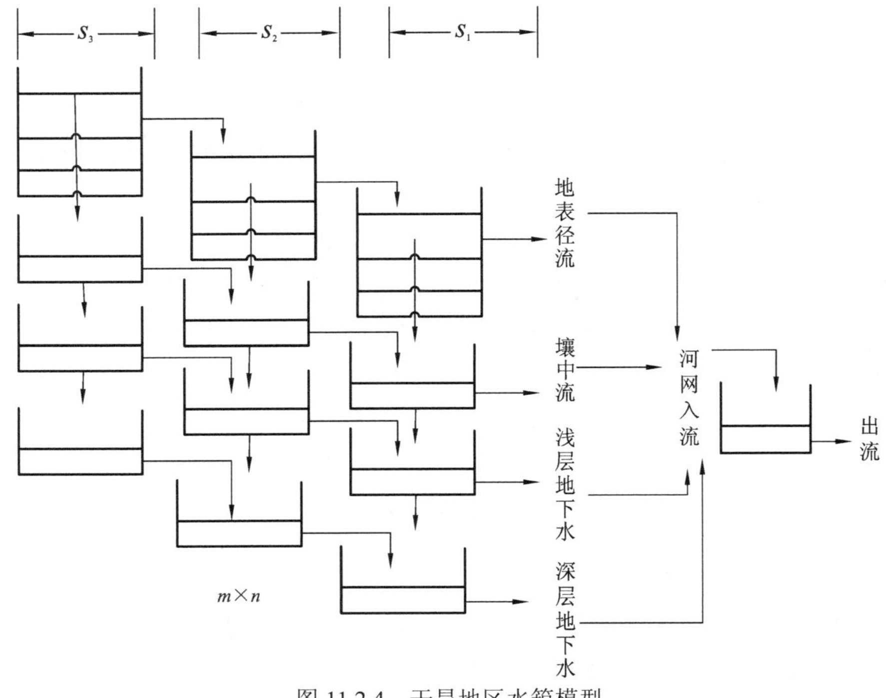

图 11.2.4　干旱地区水箱模型

2. 模型结构

在水箱模型中，每一带设置垂向的 n 个串联水箱，构成 $m\times n$ 个复杂水箱（其中 n 表示垂向串联水箱数，m 表示分带数），具体如图 11.2.4 所示。

每一列的顶层水箱有土壤水分结构，且同层水箱的结构相同；各水箱中的自由水沿水平、垂直两个方向运动，同带各层水箱的水分向上、向下运动，下层依毛管水向上交换；异带同级水箱则由上逐次向下一带流出。

3. 模型计算

计算从最高带的上层水箱开始。为了解决水箱出流要乘以面积比例系数这一问题，模型研制者假定各带面积比值呈等比级数，即

$$S_1:S_2:S_3:\cdots:S_m=r^{m-1}:\cdots:r^2:r^1:1 \tag{11.2.9}$$

式中：r 为常数，一般在[2, 3]取值。

11.2.4　河道汇流模型

水箱模型中设立一级水箱结构来解决河槽汇流问题，水箱结构按河槽的特性分为 A、B 两种结构。

A 型结构具有一个线性滞后系统，主要用来考虑河槽对大、小洪水的调蓄作用，其滞后时间为

$$t_c=\begin{cases}\dfrac{1}{a_1}, & x<h_x\\ \dfrac{1}{a_1+a_2}, & x\geqslant h_x\end{cases} \tag{11.2.10}$$

式中：t_c 为滞后时间；a_1、a_2 为出流系数；x 为蓄水量；h_x 为出流孔高度所对应的蓄水量。

B 型结构则具有不一样的结构，一般适用于各级洪水变形，变化较大。当 $x>x_u$ 时，以切线 $q=2ax_ux-ax_u^2$ 近似代替抛物线 $q=ax^2$，即

$$q=\begin{cases}ax^2, & x_l\leqslant x\leqslant x_u\\ 2ax_ux-ax_u^2, & x>x_u\end{cases} \tag{11.2.11}$$

式中：q 为出流量；a 为二次函数的系数；x_l 为最下层出流孔高度所对应的蓄水量；x_u 为最上层出流孔高度所对应的蓄水量。

11.3 模 型 参 数

水箱模型结构简单，但由于其参数的物理意义不明确，其主要困难是参数率定。因此，要求使用者从实践中积累经验，了解不同参数变化对径流过程的影响（参考表 11.3.1）。

表 11.3.1　参数及其参考范围

类别	参数	名称	经验范围
蒸发	KC	蒸发折算系数	—
水分交换	W_1	第一土壤水分层饱和容量/mm	30～50
	W_2	第二土壤水分层饱和容量/mm	150～250
	K_1	来自自由水的补充速率/%	0.6～0.9
	K_2	来自张力水的交换速率/%	0.2～0.4
产流	h_i	出流孔高度/mm	—
	a_i	出流系数/%	—
汇流	h	河槽第二孔出流高度	—

11.4 模 型 演 算

11.4.1　演算表格

表 11.4.1 为水箱模型演算表格，其时间间隔为 6 h，计算所用参数均已给定并列于表注中。表 11.4.1 最后一列给出了流域出流量的最后一个数值，练习者可用于校验计算结果的正确性。

表 11.4.1　水箱模型演算表格

时段（时间间隔为 6 h）	降雨与蒸发					第一层					第二层		
	降雨量 P/mm	水面蒸发量 E_0/mm	流域蒸发量 EP/mm	实际蒸发量 E/mm	净雨量 PE/mm	第一土壤水分层的蓄水量 XP/mm	第二土壤水分层的蓄水量 XS/mm	自由水蓄量 XF/mm	出流量 q_1/mm	下渗量 f_1/mm	蓄水量 x_2/mm	壤中流 RI/mm	下渗量 f_2/mm
（1）	（2）	（3）	（4）	（5）	（6）	（7）	（8）	（9）	（10）	（11）	（12）	（13）	（14）
1	60	0.5				−30	−150	0			−5		
2	100	0.8											
3	150	1.2											
4	50	0.6											
5		0.9											
6		1.5											
7		2.4											
8		1.2											
9		1.2											
10		2											
11		3.2											
12		1.6											
13		0.9											
14		1.5											
15		2.4											
16		1.2											
17		1.5											
18		2											
19		3.5											
20		1.5											

续表

时段（时间间隔为 6 h）	第三层			第四层		河槽		
	蓄水量 x_3/mm	浅层地下水 RGS/mm	下渗量 f_3/mm	蓄水量 x_4/mm	深层地下水 RGD/mm	河网入流量 I/mm	蓄水量 x_5/mm	流域出流量 Q/（m^3/s）
（1）	（15）	（16）	（17）	（18）	（19）	（20）	（21）	（22）
1	−3			−2			0	0
2								
3								
4								
5								
6								
7								
8								
9								
10								
11								
12								
13								
14								
15								
16								
17								
18								
19								
20								30.32

注：计算水量平衡来验证演算的正确性。流域面积 F=100 km^2；第 4 列中 KC=0.9；第 7～11 列中 K_1=0.7%，K_2=0.3%，h_1=10 m，a_1=0.2，且第 7 列中 W_1 = 40 mm，第 8 列中 W_2 = 200 mm，第 9、10 列中 h_2=15 m，a_2 = 0.2，第 11 列中 a_0 = 0.1；第 13 列中 h_3 = 6 m，b_1 = 0.3；第 14 列中 b_0 = 0.2；第 16 列中 h_4 = 4 m，c_1=0.3；第 17 列中 c_0=0.2；第 18 列中 d_1=0.1；第 21、22 列中 h=20 m，e_1=0.3，e_2=0.2，e_1 为河槽的纵断面参数，e_2 为河槽的横断面参数。

11.4.2 模型流程

水箱模型的具体流程如图 11.2.2 所示。

11.4.3 计算步骤

（1）流域蒸发量：$\mathrm{EP}=\mathrm{KC}\cdot E_0$。

（2）实际蒸发量：$E=\min\{\mathrm{EP},P+\mathrm{XP}+\mathrm{XF}\}$。

（3）净雨量：$\mathrm{PE}=\max\{0,P-E\}$。同时，依次计算 $x=\mathrm{XF}$。

更新第一土壤水分层剩余自由水：$\mathrm{XF}=\max\{0,x-\max\{0,\mathrm{EP}-P\}\}$。

更新第一土壤水分层剩余张力水：

$$\mathrm{XP}=\mathrm{XP}-\max\{0,\mathrm{EP}-P-x\},\quad T_1=K_1\cdot\min\{X_2,W_1-\mathrm{XP}\}$$

第一土壤水分层的张力水变为 $\mathrm{XP}=\mathrm{XP}+T_1$，第二土壤水分层的自由水变为

$$X_2=X_2-T_1$$

$$T_2=K_2\cdot\frac{\mathrm{XS}\cdot W_1-\mathrm{XP}\cdot W_2}{W_1+W_2}$$

第一土壤水分层的张力水变为 $\mathrm{XP}=\mathrm{XP}+T_2$。

（4）第二土壤水分层的张力水变为 $\mathrm{XS}(t+1)=\mathrm{XS}-T_2$（$t$ 为时段数）。

（5）第一土壤水分层的张力水变为 $\mathrm{XP}(t+1)=\min\{W_1,\mathrm{XP}+\mathrm{PE}\}$，并令

$$\mathrm{XF}=\mathrm{XF}+\max\{0,\mathrm{XP}+\mathrm{PE}-W_1\}$$

（6）下渗量：$f_1=a_0\cdot\mathrm{XF}$。

（7）地表出流量形成的地表径流：

$$q_1=\begin{cases}0, & \mathrm{XF}\leqslant h_1\\(\mathrm{XF}-h_1)a_1, & h_1<\mathrm{XF}\leqslant h_2\\(\mathrm{XF}-h_1)a_1+(\mathrm{XF}-h_2)a_2, & \mathrm{XF}>h_2\end{cases}$$

做更新：$x_2=x_2+f_1$。

（8）自由水蓄水：$\mathrm{XF}(t+1)=\mathrm{XF}-(q_1+f_1)$。

（9）下渗量：$f_2=b_0\cdot x_2$。

（10）壤中流：

$$\mathrm{RI}=q_2=\begin{cases}0, & x_2\leqslant h_3\\(x_2-h_3)b_1, & x_2>h_3\end{cases}$$

（11）蓄水量：$x_2(t+1)=x_2-(f_2+\mathrm{RI})$，并做更新 $x_3=x_3+f_2$。

（12）下渗量：$f_3=c_0\cdot x_3$。

（13）浅层地下水：

$$\text{RGS}=q_3=\begin{cases}0, & x_3 \leqslant h_4 \\ (x_3-h_4)c_1, & x_3>h_4\end{cases}$$

（14）蓄水量：$x_3(t+1)=x_3-(f_3+\text{RGS})$，并做更新 $x_4=x_4+f_3$。

（15）深层地下水：$\text{RGD}=q_4=d_1 \cdot x_4$。

（16）蓄水量：$x_4(t+1)=x_4-\text{RGD}$。

（17）河网入流量：$I=q_1+\text{RI}+\text{RGS}+\text{RGD}$。

先计算：

$$\begin{cases}\begin{cases}k_0=1/e_1 \\ c^{(0)}=0,\end{cases} & x_5<h \\ \begin{cases}k_0=1/(e_1+e_2) \\ c^{(0)}=e_2 h/(e_1+e_2),\end{cases} & x_5 \geqslant h\end{cases}$$

$$k_1=1/e_1, \quad c^{(1)}=0$$

$$Q_1=\frac{k_0-0.5U}{k_1+0.5U}Q_0+\frac{I-c^{(1)}+c^{(0)}}{k_1+0.5U}$$

其中，Q_0 为初始流域出流量，单位转换系数 $U=3.6\Delta t/F$；$x_5=k_1Q_1+c^{(1)}$。

若 $x_5>h$，则 $k_1=1/(e_1+e_2)$，$c^{(1)}=e_2h/(e_1+e_2)$，并重新计算：

$$Q_1=\frac{k_0-0.5U}{k_1+0.5U}Q_0+\frac{I-c^{(1)}+c^{(0)}}{k_1+0.5U}, \quad x_5=k_1Q_1+c^{(1)}$$

（18）蓄水量：$x_5(t+1)=x_5$。

（19）流域出流量：$Q(t+1)=Q_1$。

第12章

陕北模型

12.1 模型概述

我国半干旱、半湿润地区，自然地理气候条件复杂，需要建设适用于各类流域无资料和资料不足地区的水文模型，并能根据流域地形和气候特点，选取该流域适用的模型。陕北模型（也称为超渗产流模型）是由赵人俊教授等提出的，适用于干旱地区或以超渗产流为主的地区。

12.2 模型结构

陕北模型计算时将流域划分为若干个子单元，陕北模型降雨径流流程图见图 12.2.1，参数释义见表 12.2.1。

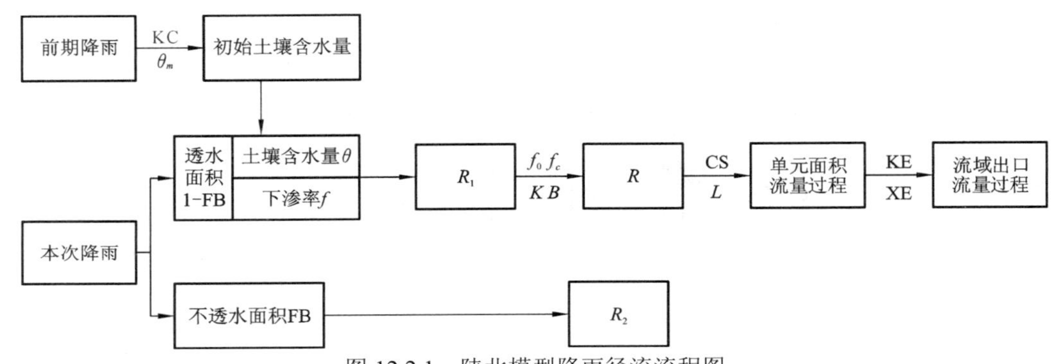

图 12.2.1 陕北模型降雨径流流程图

R_1 为用霍尔顿下渗曲线方程和流域下渗能力分配曲线计算得到的径流量；
R_2 为不透水面积上的降水扣除蒸散发产生的径流量；R 为流域总径流量，$R=R_1+R_2$

表 12.2.1 陕北模型参数表

参数编号	参数符号	参数意义
1	KC	蒸散发折减系数
2	θ_m	张力水蓄水量
3	FB	不透水面积所占百分比
4	f_0	初始下渗率，相当于最干旱时的下渗率
5	f_c	稳定下渗率
6	K	霍尔顿下渗曲线方程的系数
7	B	流域下渗能力分配曲线的方次
8	CS	地表径流消退系数
9	L	滞时
10	KE	泄流时间
11	XE	流量比重系数

12.2.1 产流计算

1. 经验的 f-θ 曲线

超渗产流的产流机制是降雨强度超过地表下渗能力时产生地表径流。因此，计算产流时除水量平衡方程外，还需要确定降雨过程中的实际下渗能力，并与实际降雨强度比较，即

$$\mathrm{RS}=\begin{cases}0, & i<f \\ (i-f)\Delta t, & i \geqslant f\end{cases} \tag{12.2.1}$$

式中：RS 为计算时段内的地表径流量，mm；i 为降雨强度，mm/min 或 mm/h；f 为地表下渗率，mm/min 或 mm/h；Δt 为计算时段，min 或 h。

由式（12.2.1）可知，要想求得超渗地表径流量 RS，需要确定降雨强度 i 与地表下渗率 f 的关系。降雨强度 i 是实测的，关键在于计算任一时刻的地表下渗率 f。

依据下渗理论，任一时刻的下渗能力需要对比该时刻的土壤含水量 θ 及其垂线分布得到。如果只考虑土壤含水量，不关联土壤含水量的垂线分布，也就是说，假设深层土壤的含水量不影响下渗能力，只考虑浅层土壤的含水量，令影响下渗能力的浅层土壤含水量为 θ，则

$$f=f(\theta) \tag{12.2.2}$$

而降雨期间的下渗水量，可以看作土壤含水量 θ 的增量，即

$$\mathrm{d}\theta=\begin{cases}i\mathrm{d}t, & i<f \\ f(\theta)\mathrm{d}t, & i \geqslant f\end{cases} \tag{12.2.3}$$

因此，只需知道流域的 f-t 曲线和初始土壤含水量 θ_0，就可以根据降雨过程计算超渗产流过程，f-t 曲线和 f-θ 曲线见图 12.2.2。

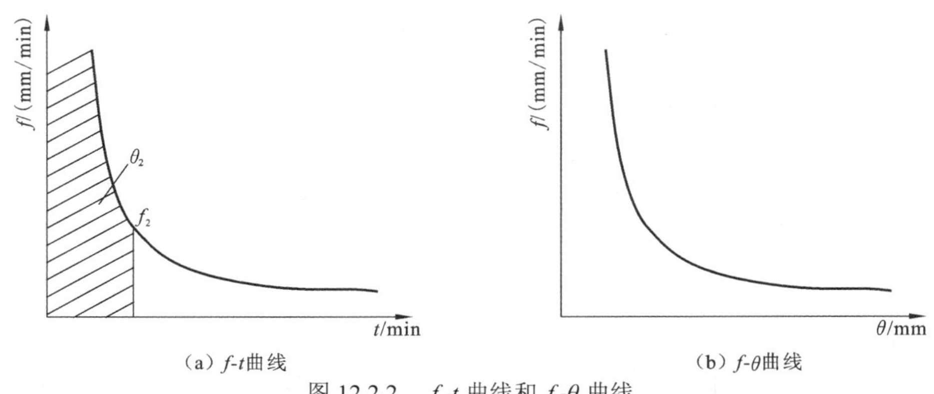

（a）f-t曲线　　（b）f-θ曲线

图 12.2.2　f-t 曲线和 f-θ 曲线

f_2 为某一时刻 t_2 的下渗率；θ_2 为 t_2 时刻的土壤含水量，为 f-t 曲线从 0 至 t_2 的积分

用流域的 f-t 曲线和 f-θ 曲线可以求出一场降雨产生的超渗地表径流过程和土壤含水量的变化过程。

2. 下渗曲线方程

下渗曲线方程常见的有霍尔顿下渗曲线方程和菲利普下渗曲线方程。

霍尔顿下渗曲线方程为

$$f = f_c + (f_0 - f_c)\mathrm{e}^{-Kt} \tag{12.2.4}$$

式中：f 为下渗率，mm/min；f_0 为初始下渗率，相当于土壤干燥时的下渗率，mm/min；f_c 为稳定下渗率，mm/min；K 为随土质而变的系数；t 为时间，min。

菲利普下渗曲线方程为

$$f = \frac{B_1}{\sqrt{t}} + A \tag{12.2.5}$$

式中：A、B_1 为随土质而变的系数。

采用下渗曲线方程无须推求 f-θ 曲线的经验关系，而是将下渗曲线方程直接转换成 f-θ 曲线的形式，然后用实测资料进行验证。利用误差最小原则对参数进行优选，直接推求出下渗曲线方程中的有关参数。

菲利普下渗曲线方程转换成的 f-θ 曲线为

$$\theta = \int_0^t f\mathrm{d}t = \int_0^t \left(\frac{B_1}{\sqrt{t}} + A\right)\mathrm{d}t = 2B_1\sqrt{t} + At \tag{12.2.6}$$

将 $t = B_1^2/(f-A)^2$ 代入式（12.2.6），得

$$\theta = \frac{2B_1^2}{(f-A)} + \frac{AB_1^2}{(f-A)^2} \tag{12.2.7}$$

则可以得到：

$$f = B_1^2(1-\sqrt{1+A\theta/B_1^2})/\theta + A \tag{12.2.8}$$

式（12.2.8）即菲利普下渗曲线方程的 f-θ 曲线形式，已知系数 A、B_1 及土壤含水量 θ 即可求得 f。

霍尔顿下渗曲线方程转换成的 f-θ 曲线为

$$\theta = \int_0^t f\mathrm{d}t = \int_0^t [f_c + (f_0 - f_c)\mathrm{e}^{-Kt}]\,\mathrm{d}t = f_c + \frac{1}{K}(1-\mathrm{e}^{-Kt})(f_0 - f_c) \tag{12.2.9}$$

将 $\mathrm{e}^{-Kt} = (f-f_c)/(f_0-f_c)$ 代入式（12.2.9）得

$$f = f_0 - K(\theta - f_c t) \tag{12.2.10}$$

通过上述步骤可以求得霍尔顿下渗曲线方程的 f-θ 曲线。在实际计算中，可用迭代方法求解。已知土壤含水量 θ，求出相应的时刻 t，再求出相应的地表下渗率 f，迭代步骤如下：①令计算时刻的初始值为 $t_0 = \theta / f_0$，代入式（12.2.9），求得第一次近似的土

壤含水量 θ_1；②将 θ_1 与已知的 θ 做比较，$\Delta\theta=|\theta-\theta_1|$，如 $\Delta\theta$ 大于预先给定的允许误差 ε，则将 θ_1 代入式（12.2.10），求得 f；③已知 $\mathrm{d}\theta=f\mathrm{d}t$，则 $\Delta t=\Delta\theta/f$，将计算的 $\Delta\theta$ 和 f 代入，求得 Δt；④令 $t_0=t_0+\Delta t$，转向①，直到 $\Delta\theta<\varepsilon$ 为止。

3. 产流量计算

考虑透水面积上各点的下渗率不同（最大下渗率为 f_m，最小下渗率为 0）及下渗能力分布不均，可采用一种分布函数来概化下渗能力的空间分布，流域下渗能力分配曲线如图 12.2.3 所示。

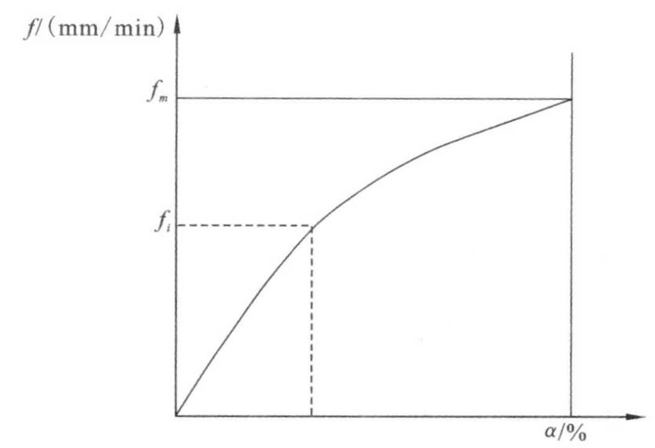

图 12.2.3 流域下渗能力分配曲线

曲线上任一点的纵坐标为单点下渗率 f_i，横坐标为小于等于该下渗能力 f_i 的面积占透水面积的百分数 α，曲线所包围的面积等于某时刻透水面积的平均下渗率 $\overline{f}$，为便于应用，采用 B 次方的抛物线来拟合。

流域下渗能力分配曲线的数学表达式为

$$\alpha=1-\left(1-\frac{f_i}{f_m}\right)^B \tag{12.2.11}$$

式中：α 为下渗能力小于等于 f_i 的面积占透水面积的百分数；f_m 为最大下渗率，mm/min；B 为流域下渗能力分配曲线的方次。

由此可导出透水面积上平均下渗率 $\overline{f}$ 的公式，为

$$\overline{f}=\int_0^{f_m}(1-\alpha)\,\mathrm{d}f=\frac{f_m}{1+B} \tag{12.2.12}$$

$$f_m=(1+B)\overline{f} \tag{12.2.13}$$

参数 B 反映下渗能力在透水面积上的分布特性。$B=0$ 表示下渗能力分布均匀；B 越大，下渗率分布得越不均匀，B 取决于流域的土壤结构。

设任一时段的降雨量为 i_a，蒸散发量为 E，不透水面积上的产流量为

$$R_2=(i_a-E)\cdot\mathrm{FB} \tag{12.2.14}$$

若$i_a - E < f_{mt}$（f_{mt}为任一时段的下渗量），则在部分面积上产流；若$i_a - E \geqslant f_{mt}$，则为全流域产流，即透水面积上的产流量为

$$R_1 = \begin{cases} i_a - E - \overline{f}_a, & i_a - E \geqslant f_{mt} \\ i_a - E - \overline{f}_a + \overline{f}_a \left(1 - \dfrac{i_a - E}{f_{mt}}\right)^{1+B}, & i_a - E < f_{mt} \end{cases} \tag{12.2.15}$$

式中：$\overline{f}_a$为任一时段透水面积上的平均下渗量。

流域总产流量为

$$R = R_1 + R_2 \tag{12.2.16}$$

12.2.2 汇流计算

1. 坡地汇流计算

单元面积坡地汇流计算采用线性水库和滞后演算相结合的方法，换言之，就是用水库调蓄和平移的方法对单元面积上的坡地汇流进行模拟，如图 12.2.4 所示。单元面积输入输出过程的计算公式为

$$Q(t) = \mathrm{CS} \cdot Q(t-1) + (1-\mathrm{CS}) I(t-L) \tag{12.2.17}$$

式中：$I(t)$为入流量；CS 为地表径流消退系数；$1-\mathrm{CS}$为地表径流出流系数；L为滞时（时段数）；$Q(t-1)$、$Q(t)$分别为单元面积先后时段的输出。

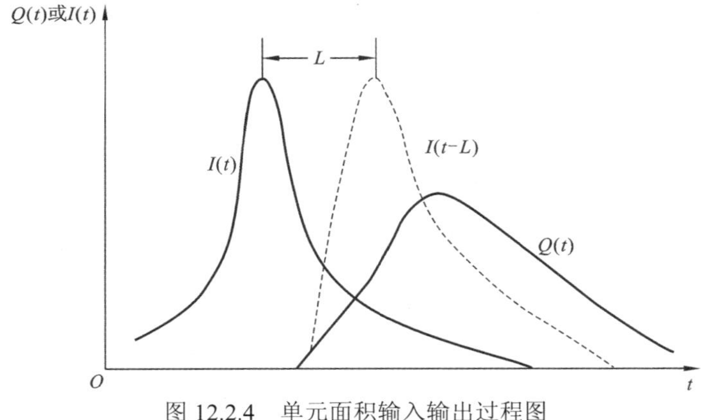

图 12.2.4　单元面积输入输出过程图

2. 河道汇流计算

河道汇流采用马斯京根法分段连续演算。将各单元面积到达出口断面的流量过程线性叠加即为流域出口断面总的流量过程。

12.3 模型参数

陕北模型参数表见表12.2.1。

陕北模型产流结构中若采用霍尔顿下渗曲线方程，有KC、θ_m、FB、f_0、f_c、K、B、CS、L、KE、XE共计11个参数。除上述参数外，实际计算时还需要确定本次洪水发生时刻的土壤含水量，土壤含水量可用日土壤含水量计算：

$$\theta_t=\begin{cases} i_t+\mathrm{KC}\cdot\theta_{t-1}, & \theta_t<\theta_m \\ \theta_m, & \theta_t\geqslant\theta_m \end{cases} \tag{12.3.1}$$

式中：θ_t为日土壤含水量，mm；θ_m为张力水蓄水量，mm；i_t为日降雨量，mm；t为时间，$t\geqslant 20$天。由于日资料是以每日8:00为分界的，若本次洪水的发生时刻不正好是8:00，则可用式（12.3.2）进行修正：

$$\theta_0=\frac{\theta_t-\theta_{t-1}}{24}\cdot h+\theta_{t-1} \tag{12.3.2}$$

式中：θ_0为初始土壤含水量；h为洪水发生时刻与8:00之间的时间间隔。因为超渗产流对降雨强度十分敏感，所以在应用陕北模型时，计算时段Δt不能取得太长，一般$\Delta t = 2\sim 5\ \mathrm{min}$。

12.4 模型演算

12.4.1 演算表格

表12.4.1为陕北模型演算表格。

12.4.2 陕北模型计算公式

（1）流域蒸发量：$\mathrm{EP}=\mathrm{KC}\cdot\mathrm{EM}$，KC为蒸散发折减系数，是影响产流量计算的最主要参数。由于干旱地区资料不足等方面的原因，在实际模拟计算中KC往往变化很大，最后需经调试后确定，必要时可分月份优选。

（2）不透水面积上的产流量：$R_2=(i_a-E)\cdot\mathrm{FB}$。

（3）初始下渗率：根据降雨开始时的初始土壤含水量θ_0，查f-θ曲线，可得到初始下渗率f_0。

表 12.4.1　陕北模型演算表格

时段（时间间隔为 6 h）	降雨量 P/mm	水面蒸发量 EM/mm	流域蒸发量 EP/mm	不透水面积上的产流量 R_2/mm	初始下渗率 f_0/（mm/min）	初始时间末下渗率 f_1/（mm/min）	平均下渗率 $\overline{f}$ /（mm/min）	土壤含水量 θ /mm	地表径流量 RS/mm	最大下渗率 f_m/（mm/min）	透水面积上的产流量 R_1/mm	流域总产流量 R/mm
（1）	（2）	（3）	（4）	（5）	（6）	（7）	（8）	（9）	（10）	（11）	（12）	（13）
1	10	2.0										
2	25	1.5										
3	50	2.4										
4	20	1.5										
5		2.4										
6		1.2										
7		1.2										
8		1.5										
9		2.4										
10		7.4										
11		6.8										
12		1.2										
13		1.5										
14		2										
15		3.5										
16		1.2										
17		5										
18		4.8										
19		4.5										
20		4										

续表

时段（时间间隔为6 h）	坡地汇流				河段数 n	计算时段 Δt	河道汇流		C_0	C_1	C_2	河网出流量 Q_2/（m^3/s）	流域总出流量 Q/（m^3/s）
	地表径流消退系数 CS	入流量 $I(t)$/（m^3/s）	滞时（时段数） L	地表出流量 $Q(t)$/（m^3/s）			泄流时间 KE	流量比重系数 XE					
（1）	（14）	（15）	（16）	（17）	（18）	（19）	（20）	（21）	（22）	（23）	（24）	（25）	（26）
1													
2													
3													
4													
5													
6													
7													
8													
9													
10													
11													
12													
13													
14													
15													
16													
17													
18													
19													
20													

注：流域面积 $F=100\ km^2$；第4列中 KC=0.9。

（4）初始时间末下渗率：根据下渗能力线性关系，试算出初始时间末的下渗率 f_1。

（5）平均下渗率：计算第一时段平均下渗率 $\overline{f_1}$。将第一时段平均降雨强度 $\overline{i_1}$ 与第一时段平均下渗率 $\overline{f_1}$ 做对比。若 $\overline{i_1} \leqslant \overline{f_1}$，则不产生地表径流，降雨全都下渗至土壤中，作为土壤含水量的增量；若 $\overline{i_1} > \overline{f_1}$，则产生的超渗地表径流量为 $(\overline{i_1} - \overline{f_1}) \cdot \Delta t$，下渗量为 $\overline{f_1}\Delta t$。

（6）土壤含水量：计算第一时段末的土壤含水量 $\theta = \theta_0 + \overline{f_1}\Delta t - E_1$（$E_1$ 为第一时段内的蒸发量）。

（7）地表径流量：若 $i < f$，则 $\mathrm{RS} = 0$；若 $i \geqslant f$，则 $\mathrm{RS} = (i - f)\Delta t$。

（8）最大下渗率：$f_m = (1 + B) \cdot \overline{f}$。

（9）透水面积上的产流量：若 $i_a - E \geqslant f_{mt}$，则在全流域产流，$R_1 = i_a - E - \overline{f}_a$；若 $i_a - E < f_{mt}$，则为部分面积产流，$R_1 = i_a - E - \overline{f}_a + \overline{f}_a \cdot [1 - (i_a - E) / f_{mt}]^{(1+B)}$。

（10）总产流量：$R = R_1 + R_2$。

（11）地表径流消退系数：CS 为地表径流消退系数，$1-\mathrm{CS}$ 为地表径流出流系数，CS 代表坦化作用，因为消退速度一般与退水流量有关，所以可用退水期流量来分析。

（12）入流量：$I(t)$代表入流量。

（13）滞时（时段数）：滞时 L 一般随洪水大小而变化。大洪水，汇流速度快，L 小；小洪水，汇流速度慢，L 大。

（14）地表出流量：$Q(t) = \mathrm{CS} \cdot Q(t-1) + (1 - \mathrm{CS}) I(t - L)$。

（15）计算时段：因为超渗产流对降雨强度十分敏感，加之陕北地区暴雨历时短促，流域坡陡，洪水陡涨陡落，所以在应用陕北模型时，计算时段 Δt 不能取得太长，一般 Δt =2～5 min。

（16）流域出流：

$$C_0 = (0.5\Delta t - \mathrm{KE} \cdot \mathrm{XE}) / (0.5\Delta t + \mathrm{KE} - \mathrm{KE} \cdot \mathrm{XE})$$

$$C_1 = (0.5\Delta t + \mathrm{KE} \cdot \mathrm{XE}) / (0.5\Delta t + \mathrm{KE} - \mathrm{KE} \cdot \mathrm{XE})$$

$$C_2 = 1 - C_0 - C_1$$

$$Q_{t+1} = C_0 \cdot \mathrm{QU}_{t+1} + C_1 \cdot \mathrm{QU}_t + C_2 \cdot Q_t$$

式中：C_0、C_1、C_2 均为流量演算系数；KE 为泄流时间；XE 为流量比重系数；Q_t、Q_{t+1} 分别为计算时段始末的河段出流量；QU_t、QU_{t+1} 分别为计算时段始末的河段入流量。

（17）流域总出流量：$Q = Q_1 + Q_2$。其中，Q_1 为总地表出流量。

第 13 章

TOPMODEL

13.1 模型概述

TOPMODEL 作为一个以地形为基础的分布式流域水文模型，自 Beven 等（1979）提出以来，已在水文领域获得了广泛应用，其主要是利用地形指数（也称土壤-地形指数）来反映流域水文现象，模型结构简单，参数较少。

TOPMODEL 描述的单元网格水分运动过程如图 13.1.1 所示（PE 为蒸散发量，r 为降水量）。降雨满足截留要求后下渗进入土壤非饱和区。非饱和区又分为根带蓄水层（根带蓄水）和非活性含水层（过渡带含水）。入渗的降雨直接对根带蓄水层进行补偿，达到饱和后才进入下一层。同时，储藏在该层中的水分以一定的速率蒸散发。由于垂直排水及流域内的侧向水分运动，一部分面积的地下水位抬升至地表面成为饱和面。产流发生在这种饱和地表面积或源面积上（熊立华 等，2004；夏军，2002）。源面积示意图如图 13.1.2 所示，在整个过程中，源面积不断变化，故也称为变动产流面积。TOPMODEL 主要通过流域含水量（或缺水量）来确定源面积的大小，含水量由地形指数计算，因此 TOPMODEL 被称为以地形指数为基础的流域水文模型。

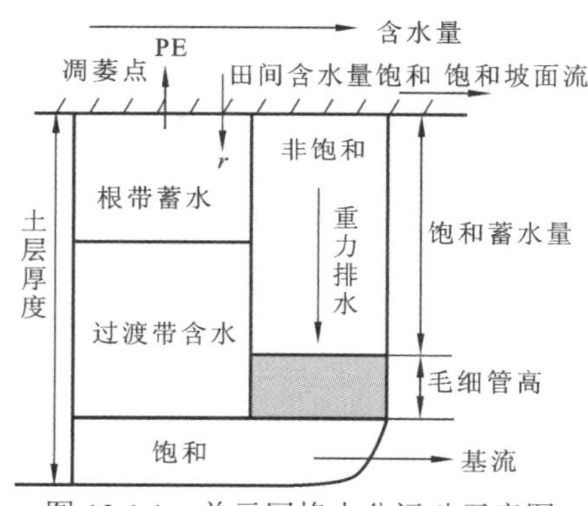

图 13.1.1　单元网格水分运动示意图

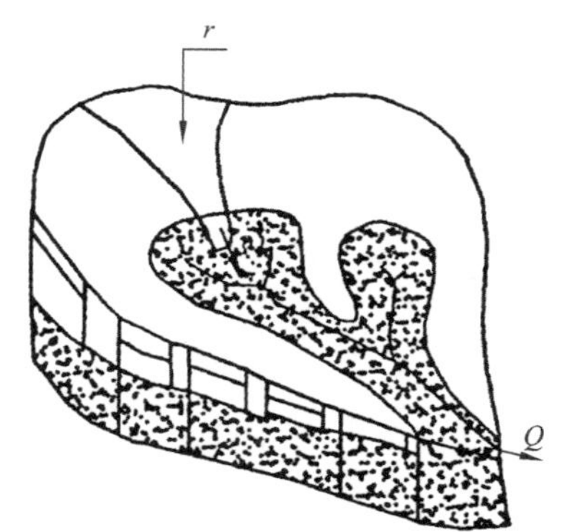

图 13.1.2　源面积示意图

Q 为总径流

13.2 模型结构

TOPMODEL 基于变动产流面积概念，可以根据地形指数和流域平均缺水量计算出各点的缺水量，直观地反映源面积的大小和分布，在应用中仅需 DEM 数据和基本的水文资料（降水、蒸发、流量），甚至可用于无资料地区，TOPMODEL 计算流程图如图 13.2.1 所示。

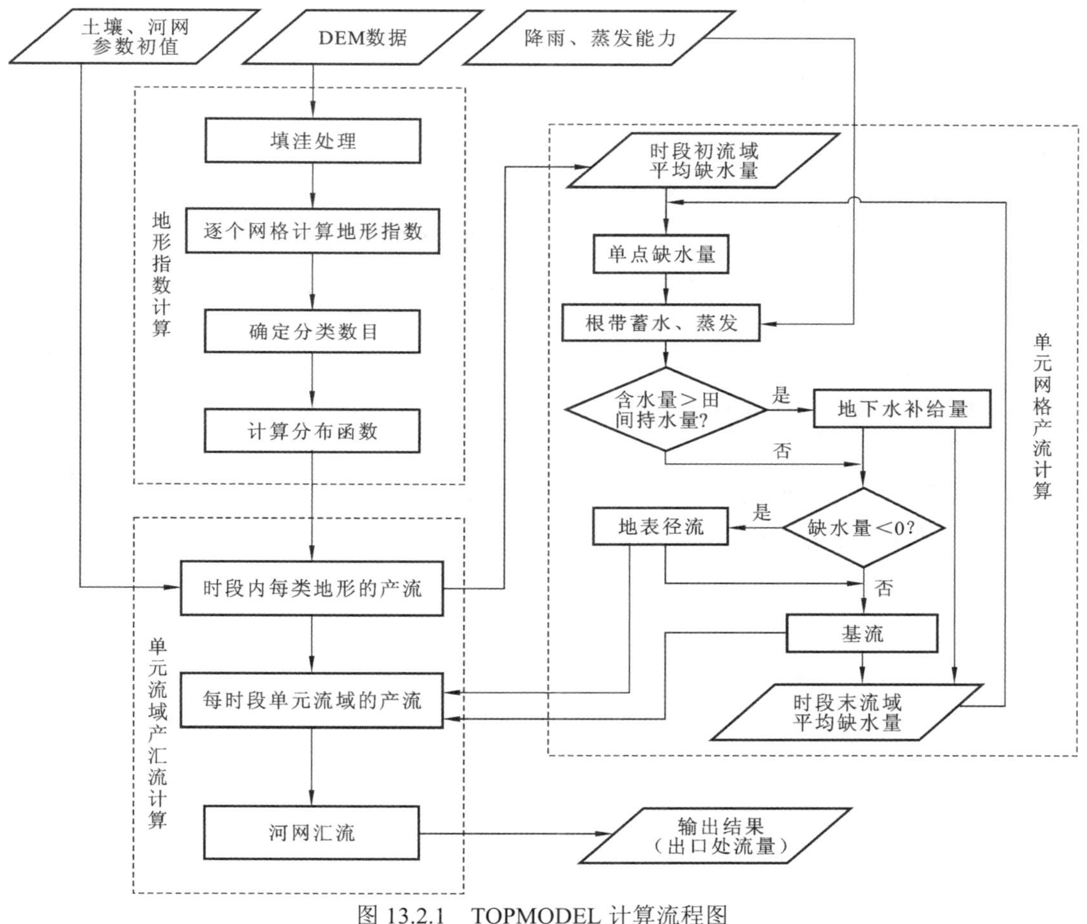

图 13.2.1 TOPMODEL 计算流程图

13.2.1 产流计算

TOPMODEL 流域产流计算包括三部分：地表径流、不饱和层水分运动和地下径流，其思路是在流域 DEM 的基础上，把流域分成许多规则的栅格网格单元（即水文单元）。TOPMODEL 假定具有相同地形指数的网格具有相同的水文过程，因此通过“地形指数-

面积分布函数”来描述流域内水文空间特性的不均匀性分布。

1. 土壤缺水量计算

TOPMODEL 一般用 D 表示土壤缺水量，即土壤含水量与饱和含水量之间的差值。当 $D=0$ 时，将会在饱和源面积上产生饱和地表径流。

$$a\frac{\partial j}{\partial x}-\frac{\partial D}{\partial t}=i-j \tag{13.2.1}$$

式中：a 为单位等高线的汇水面积；i 为降雨强度；j 为单元面积上的流量；x 为沿最陡坡度方向的曲线水流路径。

达西定律可以表示为

$$v=kJ \tag{13.2.2}$$

式中：v 为渗流速率；k 为渗流系数；J 为水力梯度。

为了求解该方程，模型做了三个基本假设。

假设 1：饱和面积上的水力梯度近似等于表面地形坡度 $\tan\beta$，即 $J=\tan\beta$。一般情况下，潜水面不是水平的，其起伏程度大致与地形一致。因此，这个假设比较符合饱和地下水的实际状况。

假设 2：假定土壤水力传导度是缺水量的指数递减函数，即 $T_i=T_0\mathrm{e}^{-D_i/s_{zm}}$，$T_0$ 为土壤刚饱和时的侧向导水率（m/h），s_{zm} 为非饱和区最大蓄水深度（m），D_i 为流域中任一点 i 处的缺水量。

单元水流带示意图如图 13.2.2 所示，A 表示水流带的总汇水面积，w 表示水流带带宽，则水流带单宽流量可以表示为

$$q=\frac{A}{w}=aj \tag{13.2.3}$$

式中：a 为单位等高线的汇水面积。

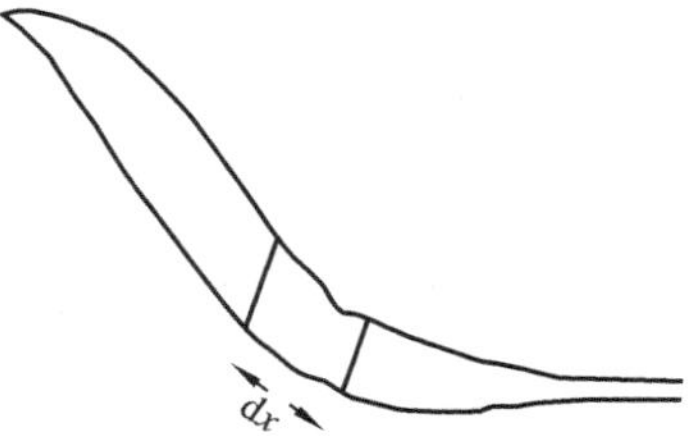

图 13.2.2　单元水流带示意图

联立式（13.2.2）和式（13.2.3），得出

$$\tan\beta T_0\mathrm{e}^{-D_i/s_{zm}}=aj \tag{13.2.4}$$

由式（13.2.4）可以解出流域中任一点 i 处的缺水量为

$$D_i=-s_{zm}\ln\left(\frac{aj}{\tan\beta T_0}\right) \tag{13.2.5}$$

整个流域的平均缺水量为

$$\bar{D}=\frac{1}{A}\sum_i A_i\left[-s_{zm}\ln\left(\frac{aj}{\tan\beta T_0}\right)\right] \tag{13.2.6}$$

由式（13.2.5）和式（13.2.6）可得出

$$\frac{\bar{D}-D_i}{s_{zm}}=\left[\ln\left(\frac{a}{\tan\beta}\right)-\lambda\right]-(\ln T_0-\ln T_e)+\ln j-\frac{1}{A}\sum_i A_i\ln j \tag{13.2.7}$$

式中：λ 为流域地形指数空间分布的平均值，$\lambda=\frac{1}{A}\sum_i A_i\ln\left(\frac{a}{\tan\beta}\right)$；$T_0$ 为土壤刚饱和时的侧向导水率；$\ln T_e$ 为单元面积导水率的平均值，$\ln T_e=\frac{1}{A}\sum_i A_i\ln T_0$；$A_i$ 为与 i 点具有同样特性的点群的面积和。

假设 3：该假设是这个模型中最关键的假设，该假设为单元面积上的流量 j 在空间上均等，即单元面积上的流量在空间上是平均分布的，就是 $\ln j=\frac{1}{A}\sum_i A_i\ln j$。然后，假定 T_0 在空间上分布均匀，则 $\ln T_0=\frac{1}{A}\sum_i A_i\ln T_0$，因此 $\ln T_e=\ln T_0$。式（13.2.7）可变形为

$$\frac{\bar{D}-D_i}{s_{zm}}=\ln\left(\frac{a}{\tan\beta}\right)-\lambda \tag{13.2.8}$$

由式（13.2.8）得出

$$D_i=\bar{D}+s_{zm}\left[\lambda-\ln\left(\frac{a}{\tan\beta}\right)\right] \tag{13.2.9}$$

式中：$\tan\beta$ 为表面地形坡度；$\ln\left(\frac{a}{\tan\beta}\right)$ 为地形指数。

式（13.2.9）表明流域内任一点的土壤缺水量 D_i 由流域平均缺水量 $\bar{D}$ 和地形指数 $\ln\left(\frac{a}{\tan\beta}\right)$ 确定，$D_i\leqslant 0$ 的点即源面积所在的位置。同时，可以看出，地形指数相同的点具有相同的水文响应。

土壤侧向导水率与土壤水分之间的指数关系还可以表示为 $T_i=T_0\mathrm{e}^{-fz_i}$，其中 z_i 为局部地下水水面深度（相对值，m），f 为换算参数（m^{-1}），f 和 $T_i=T_0\mathrm{e}^{-D_i/s_{zm}}$ 中 m（m 为土壤含水量减小时控制导水率下降速率的参数）的关系可以近似表示为 $f=\frac{\Delta\theta}{m}$，$\Delta\theta$ 为由重力快速排水引起的非饱和层单位厚度有效含水量的变化量。最终可推导出 $f(\bar{z}-z_i)=\left[\ln\left(\frac{a}{\tan\beta}\right)-\lambda\right]-(\ln T_0-\ln T_e)$，$\bar{z}$ 为流域平均地下水深度，当 $z_i<0$ 时，地下水面达到地表以上，土壤为过饱和状态。

2. 非饱和区运动方程

假定非饱和层中水分的流动完全垂向，即只考虑重力排水补给浅层地下水的那一部

分水分的运动，并用非饱和层的排水通量表示。在早先的 TOPMODEL 中采用过两种形式，即土壤缺水随时间变化的公式和以导水率为基础的公式。

任一点处的垂向水分通量函数可用缺水量（Beven et al.，1983）表示为

$$q_v = \frac{s_{uz}}{D_k t_d} \tag{13.2.10}$$

式中：s_{uz} 为非饱和区（重力水）的蓄水量；D_k 为由重力水引起的局部不足蓄水量，它由潜水面的深度 L 决定；t_d 为时间参数。

在任意时间进入地下水的通量相同，则在任一计算时段内地下水的全部补给量为

$$Q_v = \sum_i q_{v,i} A_i \tag{13.2.11}$$

式中：$q_{v,i}$ 为地形指数相同的各处（位置不同）进入地下水的通量之和；A_i 为与 i 点具有同样特性的点群的面积和。

3. 饱和区运动方程

将饱和带的出流 Q_b 作为壤中流，其计算公式为

$$Q_b = \int_L q_i \mathrm{d}L = \int_L \tan\beta T_0 \mathrm{e}^{-D_i/s_{zm}} \mathrm{d}L \tag{13.2.12}$$

式中：q_i 为饱和带任意一点的出流量。

将式（13.2.9）代入式（13.2.12）有

$$Q_b = \int_L \tan\beta T_0 \mathrm{e}^{-\frac{\bar{D}}{s_{zm}} - \lambda + \ln\left(\frac{a}{\tan\beta}\right)} \mathrm{d}L \tag{13.2.13}$$

$$= T_0 \mathrm{e}^{-\frac{\bar{D}}{s_{zm}}} \mathrm{e}^{-\lambda} \int_L a \mathrm{d}L \tag{13.2.14}$$

因为 $\int_L a\mathrm{d}L = A$，所以式（13.2.14）可以变形为

$$Q_b = A T_0 \mathrm{e}^{-\lambda} \mathrm{e}^{-\bar{D}/s_{zm}} = Q_0 \mathrm{e}^{-\bar{D}/s_{zm}} \tag{13.2.15}$$

式中：Q_0 为 $\bar{D}$ 为零时的流量，

$$Q_0 = A T_0 \mathrm{e}^{-\lambda} \tag{13.2.16}$$

流域平均饱和地下水水面深度 $\overline{D^t}$ 的计算公式为

$$\overline{D^{t+1}} = \overline{D^t} - \frac{(Q_v^t - Q_b^t)}{A} \Delta t \tag{13.2.17}$$

式中：$\overline{D^{t+1}}$ 为 $t+1$ 时刻平均饱和地下水水面深度；Q_b^t 为 t 时刻的壤中流；Q_v^t 为 t 时刻的地下水补给。

初始平均饱和地下水水面深度 $\overline{D^1}$ 的计算公式为

$$\overline{D^1} = -s_{zm} \ln(Q_b^1 / Q_0) \tag{13.2.18}$$

式中：Q_b^1 为初始壤中流。

4. 蒸发计算

流域内的任何一点处的实际蒸发量由下述公式计算：

$$E_{a,i}=E_p\left(1-\frac{s_{rz,i}}{s_{r\max,i}}\right) \tag{13.2.19}$$

式中：$s_{rz,i}$ 为点 i 处植被根系区的缺水量；$s_{r\max,i}$ 为根系区最大容水量；E_p 为蒸发能力。

5. 饱和坡面流方程

在 $D_i \leqslant 0$，即土壤达到饱和的地表面上将产生饱和坡面流，其计算公式为

$$Q_f=\frac{\sum_i a_i\left|D_i\right|}{A} \tag{13.2.20}$$

式中：A 为水流带总汇水面积；Q_f 为坡面流产流量；a_i 为与 D_i 相对应的饱和面积。

流域总产流量为坡面流产流量与壤中流产流量之和，即

$$Q=Q_f+Q_b \tag{13.2.21}$$

式中：Q 为流域总产流量；Q_b 为壤中流产流量。

13.2.2　汇流计算

TOPMODEL 应用汇流演算方法解决流域汇流计算问题。贝文等在 TOPMODEL 结构中引入了地表径流滞时函数和河道演算函数，进行流域汇流演算。

TOPMODEL 汇流的整个过程主要分为两个步骤：第一，进行坡面汇流的计算；第二，进行河网汇流的计算。

1. 坡面汇流计算

地表径流汇流流速为定值时，到达流域出口的滞时仅与距离有关，则从任意点到达流域出口所经历的时间为

$$t_i=\frac{x_i}{v\tan\beta_i} \tag{13.2.22}$$

式中：t_i 为点 i 处坡面汇流时间；x_i 为任意点 i 到达出口断面的距离；$\tan\beta_i$ 为 N 段水流路径中第 i 段的坡度；速度参数 v 视为常数。

2. 河网汇流计算

对于河网汇流的计算，一般采用坡面汇流的方法，假设流域中各个点的河网汇流速度是相同的，设定为 R_v，则河道上任意一点的河网汇流时间为

$$\Delta t_i=\frac{L_i}{R_v} \tag{13.2.23}$$

式中：L_i 为点 i 处河网汇流长度；R_v 为河网汇流速度。

汇流计算时，假定河网汇流和坡面汇流的速度分别为 R_v 和 CHV，把整个流域的主河道划分为 u 级进行汇流。其中，$D(i)$ 为第 i 级河道到达出口处的最远距离，ACH(i) 为

$D(i)$ 对应的面积占流域总面积的百分比。

时间段的长度设定为 $\mathrm{d}t$，计算得到的第 i 级河道的滞后时段为 $\mathrm{TCH}(i)=t_i/\mathrm{d}t$，当 $t_0/\mathrm{d}t$ 为整数时，最近点的滞后时段为 $\mathrm{ND}=\mathrm{int}(t_0/\mathrm{d}t)$；当 $t_0/\mathrm{d}t$ 不为整数时，$\mathrm{ND}=\mathrm{int}(t_0/\mathrm{d}t)+1$。当 $t_u/\mathrm{d}t$ 为整数时，最远点的滞后时段为 $\mathrm{NR}=\mathrm{int}(t_u/\mathrm{d}t)$；如果 $t_u/\mathrm{d}t$ 不为整数，则 $\mathrm{NR}=\mathrm{int}(t_u/\mathrm{d}t)+1$。$t_0$、$t_u$ 分别为最近点和最远点的河网汇流时间。

对于随机的第 k 个时段，如果 ND 和 NR 的和小于 k，则流域的径流量都汇流至流域出口；反之，第 k 个时段汇流到达出口断面的径流的比例为

$$\mathrm{AR(IR)}=\mathrm{ACH}(i-1)+[k-\mathrm{TCH}(i)]\cdot\frac{\mathrm{ACH}(i)-\mathrm{ACH}(i-1)}{\mathrm{TCH}(i)-\mathrm{TCH}(i-1)} \tag{13.2.24}$$

其中，IR=ND+1, …, n（n 为时段总数），且 IR<TCH(i)。

在各个时间段内，对流域出口断面的产流量进行计算；对同一时间出现在出口的径流量进行叠加，可以得到整个流域内降水的模拟径流过程。

13.3 模型参数

TOPMODEL 主要参数见表 13.3.1。

表 13.3.1　TOPMODEL 参数表

参数编号	参数符号	参数意义
1	s_{zm}	非饱和区最大蓄水深度/m
2	T_0	土壤刚饱和时的侧向导水率/（m/h）
3	T_d	重力排水的滞时参数
4	Q_b'	初始时刻的壤中流/（m^3/h）
5	$S_{\mathrm{r}0}$	根系区初始含水量/m
6	CHV	坡面汇流的速度/（m/h）

13.4 模型演算

13.4.1 演算表格

表 13.4.1 为 TOPMODEL 演算表格。

表 13.4.1 TOPMODEL 演算表格

时段（时间间隔为 6 h）	降雨量 P/mm	水面蒸发量 EM/mm	流域蒸发量 EP/mm	流域平均缺水量 $\bar{D}$ /mm	非饱和区最大蓄水深度 s_{zm}/m	地形指数 $\ln(a/\tan\beta)$	流域地形指数空间分布的平均值 λ	单位等高线的汇水面积 a/km^2	流域局部点的土壤缺水量 D_i/mm	与 D_i 相对应的饱和面积 a_i/km^2	坡面流产流量 Q_f/mm	土壤刚饱和时的侧向导水率 T_0/（m/h）	壤中流产流量 Q_b/mm	流域总产流量 Q/mm
（1）	（2）	（3）	（4）	（5）	（6）	（7）	（8）	（9）	（10）	（11）	（12）	（13）	（14）	（15）
1	20	2												
2	35	3.7												
3	70	1.5												
4	10	3.2												
5		2.8												
6		6.9												
7		5.7												
8		8.1												
9		7.3												
10		7.5												
11		6.5												
12		6.2												
13		5.1												
14		4.8												
15		6.5												
16		6.4												
17		7												
18		4.5												
19		3.2												
20		2.8												

续表

时段（时间间隔为6 h）	坡面汇流的速度 CHV/（m/h）	距离 x_i/km	坡面汇流时间 t_i/h	地表净雨深 h_s/mm	等流时面积 Ω/km^2	部分流量/（m^3/s）				坡地出流量 Q_1/（m^3/s）	河网汇流速度 R_v/（m/h）	河网汇流时间 Δt_i/h	泄流时间 KE/h	流量比重系数 XE	C_0	C_1	C_2	河网出流量 Q_2/（m^3/s）	流域总出流量 Q_{total}/（m^3/s）
						h_1	h_2	h_3	h_4										
（1）	（16）	（17）	（18）	（19）	（20）	（21）	（22）	（23）	（24）	（25）	（26）	（27）	（28）	（29）	（30）	（31）	（32）	（33）	（34）
1																			
2																			
3																			
4																			
5																			
6																			
7																			
8																			
9																			
10																			
11																			
12																			
13																			
14																			
15																			
16																			
17																			
18																			
19																			
20																			

注：h_i 为第 i 时段的净雨深。流域面积 $F=100$ km^2；第 4 列中蒸散发折减系数 KC=0.9。

13.4.2　计算公式

（1）流域蒸发量：$\mathrm{EP} = \mathrm{KC} \cdot \mathrm{EM}$。

（2）流域平均缺水量：整个流域上的平均缺水量

$$\bar{D} = \left(\sum_i A_i \{-s_{zm} \ln[aj / (\tan \beta T_0)]\}\right) / A$$

（3）非饱和区最大蓄水深度：s_{zm} 为非饱和区最大蓄水深度。

（4）地形指数：$\ln(a / \tan \beta)$ 为流域的地形指数。

（5）流域地形指数空间分布的平均值：流域地形指数空间分布的平均值为

$$\frac{1}{A}\sum_i A_i \ln\left(\frac{a}{\tan \beta}\right)$$

（6）单位等高线的汇水面积：a 为单位等高线的汇水面积。

（7）流域局部点的土壤缺水量：

$$D_i = \bar{D} + s_{zm}\left[\lambda - \ln\left(\frac{a}{\tan \beta}\right)\right]$$

（8）与 D_i 相对应的饱和面积：a_i 是与 D_i 相对应的饱和面积。

（9）坡面流产流量：在 $D_i \leqslant 0$，即土壤达到饱和的地表面上将产生饱和坡面流，其计算公式为

$$Q_f = \frac{\sum_i a_i |D_i|}{A}$$

（10）土壤刚饱和时的侧向导水率：T_0 为土壤刚饱和时的侧向导水率。

（11）壤中流：$Q_b = A T_0 \mathrm{e}^{-\lambda} \mathrm{e}^{-\bar{D}/s_{zm}} = Q_0 \mathrm{e}^{-\bar{D}/s_{zm}}$。

（12）总产流：流域总产流量为坡面流与壤中流产流量之和，即 $Q = Q_f + Q_b$。

（13）地表径流消退系数：CS 为地表径流消退系数，$1-\mathrm{CS}$ 为地表径流出流系数，CS 代表坦化作用，因为消退速度一般与退水流量有关，所以可用退水期流量来分析。

（14）坡面汇流计算：地表径流汇流流速为定值时，到达流域出口的滞时仅与距离有关，则从任意点到达流域出口所经历的时间为

$$t_i = \sum_i [x_i / (v \cdot \tan \beta_i)]$$

式中：x_i 为任意点 i 到达出口断面的距离；$\tan \beta_i$ 为 N 段水流路径中第 i 段的坡度；速度参数 v 视为常数。

（15）等流时线法计算坡面汇流：出流断面在第 k 时段的出流量是由第一块面积 f_1 上的本时段净雨和第二块面积 f_2 上的上一时段净雨合成的，即

$$Q_k = r_k \cdot f_1 + r_{k-1} \cdot f_2 + r_{k-2} \cdot f_3 + \cdots = h_k \cdot f_1 / \Delta t + h_{k-1} \cdot f_2 / \Delta t + h_{k-2} \cdot f_3 / \Delta t + \cdots$$

式中：r_k 为第 k 时段的地表净雨强度。

（16）汇流计算时，假定河网汇流和坡面汇流的速度分别为 R_v 和 CHV，把整个流域

的主河道划分为 u 级进行汇流。其中，$D(i)$ 为第 i 级河道到达出口处的最远距离，ACH(i) 为 $D(i)$ 对应的面积占流域总面积的百分比。

（17）河网出流：

$$C_0 = (0.5\Delta t - \mathrm{KE}\cdot\mathrm{XE})/(0.5\Delta t + \mathrm{KE} - \mathrm{KE}\cdot\mathrm{XE})$$
$$C_1 = (0.5\Delta t + \mathrm{KE}\cdot\mathrm{XE})/(0.5\Delta t + \mathrm{KE} - \mathrm{KE}\cdot\mathrm{XE})$$
$$C_2 = 1 - C_0 - C_1$$
$$Q_{t+1} = C_0\cdot \mathrm{QU}_{t+1} + C_1\cdot \mathrm{QU}_t + C_2\cdot Q_t$$

式中：C_0、C_1、C_2 均为流量演算系数；KE 为泄流时间；XE 为流量比重系数；Q_t、Q_{t+1} 分别为计算时段始末的河段出流量；QU_t、QU_{t+1} 分别为计算时段始末的河段入流量。

（18）流域总出流量：$Q_{\mathrm{total}} = Q_1 + Q_2$，其中，$Q_1$ 为坡地出流量，Q_2 为河网出流量。

第14章

水土评价模型

14.1 模型概述

水土评价模型（soil and water assessment tool，SWAT）是由美国农业部的农业研究中心开发的，最初作为预测大流域各种土地管理措施对水文、水质等长期影响的模拟工具，后期被拓展为较全面的水文模型。

SWAT 水文循环陆地阶段主要由以下部分组成：天气和气候、水文过程、土地利用/植被生长、侵蚀、营养物质与杀虫剂和农业管理。SWAT 河道演算包括主河道、水库两个部分。其中，主河道的演算主要包括河道洪水演算、河道沉积演算、河道营养物质和杀虫剂演算等；水库演算主要包括水库水量平衡演算、水库泥沙演算、水库营养物质和农药演算。

14.2 模型原理

14.2.1 不同水源划分及演算方法

SWAT 基于式（14.2.1）对径流成分进行模拟计算：

$$\mathrm{SW}_t = \mathrm{SW}_0 + \sum_{i=1}^{t}(R_{\mathrm{day}} - Q_{\mathrm{surf}} - E_{\mathrm{a}} - W_{\mathrm{seep}} - Q_{\mathrm{gw}})_i \tag{14.2.1}$$

式中：SW_t 为最终土壤含水量；SW_0 为初始土壤含水量；R_{day} 为模拟日到达地表的降水量；Q_{surf} 为日地表径流量；E_{a} 为日蒸散发量；W_{seep} 为土壤剖面日侧向渗流量和渗漏量；Q_{gw} 为日地下径流量。

1. 地表径流和坡面汇流计算

SWAT 中，地表径流用改进的美国农业部水土保持局（Soil Conservation Service，SCS）模型进行计算，其基本假设同 SCS 模型，并在每日的 CN（无量纲参数，理论取值范围是 0～100）和最大滞蓄量的计算方法上进行了改进。改进的 SCS 模型计算地表径流的经验关系为

$$Q_{\mathrm{surf}} = \frac{(R_{\mathrm{day}} - I_{\mathrm{a}})^2}{(R_{\mathrm{day}} - I_{\mathrm{a}} + S)} \tag{14.2.2}$$

式中：Q_{surf} 为日地表径流量；I_{a} 为初损量；R_{day} 为模拟日到达地表的降水量；S 为截留量。初损量一般假定为 $0.2S$。在时间上，截留量随土壤含水量的变化而变化，一般用式（14.2.3）计算：

$$S = 25.4\left(\frac{1\,000}{\mathrm{CN}} - 10\right) \tag{14.2.3}$$

式中：CN 为曲线数值，是一个无量纲参数，取值范围为 0～100，实际运用中取值范围为 40～98。

关于坡面汇流，SWAT 中考虑坡面汇流的滞时现象，SCS 模型计算得到的地表径流由式（14.2.4）控制汇入河道的水量：

$$Q_{\text{surf}} = (Q'_{\text{surf}} - Q_{\text{stor},i-1}) \cdot \left[1 - \exp\left(-\frac{\text{surlag}}{t_{\text{conc}}}\right)\right] \tag{14.2.4}$$

式中：Q'_{surf} 为坡面日产流量；$Q_{\text{stor},i-1}$ 为前一天滞蓄在子流域中的坡面产流量；surlag 为地表径流滞蓄系数；t_{conc} 为子流域的产流时间。在给定产流时间的情况下，地表径流滞蓄系数越大，表明滞蓄在子流域中的水量越少。

2. 壤中流计算

渗入土壤的水量为当日降水量与地表径流量的差值扣除渗漏出土壤底层的水量，即当日滞留在土壤层内的水分。考虑某些黏粒含量大于 30%的土壤在干旱和湿润状态间变化时表层土壤会出现裂纹而影响地表产流，模型对地表产流进行了修正，计算公式为

$$Q_{\text{surf}}^{F} = \begin{cases} Q_{\text{surf},i} - \text{crk}, & Q_{\text{surf},i} > \text{crk} \\ 0, & Q_{\text{surf},i} \leqslant \text{crk} \end{cases} \tag{14.2.5}$$

式中：crk 为土壤裂隙蓄水量；$Q_{\text{surf},i}$ 为由改进的 SCS 模型计算的地表径流量；Q_{surf}^{F} 为经过修正的地表径流量。

渗入土壤中的水量是当日扣除初损的降水量与地表径流量的差值：

$$\omega_{\text{inf}} = R_{\text{day}-1} - Q_{\text{surf}}^{F} \tag{14.2.6}$$

式中：ω_{inf} 为入渗量；$R_{\text{day}-1}$ 为扣除初损的降水量。

SWAT 采用动态蓄量模型对壤中流产流量进行计算，并假定只有在水分达到田间持水量之后才产流，最大产流量为大于田间持水量的部分。土壤层中能够产生的壤中流的计算公式为

$$Q_{\text{lat}} = 0.024\left(\frac{2\text{SW}_{\text{ly,excess}} \cdot K_{\text{sat}} \cdot \text{slp}}{\varphi_{\text{d}} \cdot L_{\text{hill}}}\right) \tag{14.2.7}$$

式中：Q_{lat} 为坡面壤中流产流量；$\text{SW}_{\text{ly,excess}}$ 为坡面土壤层中壤中流可能的产流量，假定为饱和含水量与田间持水量的差值；K_{sat} 为土壤层的饱和水力传导率；slp 为子流域平均坡度；φ_{d} 为土壤孔隙率；L_{hill} 为坡长。

考虑壤中流进入河道的滞时现象，在计算坡面壤中流产流量之后，再计算进入河道内的壤中流产流量，则有

$$Q_{\text{lat}}^{R} = (Q'_{\text{lat}} + Q_{\text{lastor},i-1}) \cdot \left[1 - \exp\left(-\frac{1}{\text{TT}_{\text{lag}}}\right)\right] \tag{14.2.8}$$

式中：Q_{lat}^{R} 为当日进入河道的壤中流产流量；Q'_{lat} 为当日坡面壤中流产流量；$Q_{\text{lastor},i-1}$ 为前一天滞留存储在土壤层中的壤中流产流量；TT_{lag} 为壤中流传播时间。

3. 地下径流计算

SWAT 模拟的地下径流包括浅层地下径流和深层地下径流。浅层地下径流为地下浅层饱水带中的水，以基流的形式汇入河川径流；深层地下径流为地下承压饱水带中的水，可以以抽水灌溉的方式利用。

浅层地下径流的水量平衡方程：

$$\mathrm{aq}_{\mathrm{sh},i}=\mathrm{aq}_{\mathrm{sh},i-1}+\omega_{\mathrm{rchrg,sh}}-Q_{\mathrm{gw}}-w_{\mathrm{revap}}-w_{\mathrm{pump,sh}} \tag{14.2.9}$$

式中：$\mathrm{aq}_{\mathrm{sh},i}$、$\mathrm{aq}_{\mathrm{sh},i-1}$ 分别为当天和前一天的浅层地下水含水量；$\omega_{\mathrm{rchrg,sh}}$ 为浅层地下水补给量；Q_{gw} 为日地下径流量；w_{revap} 为浅层地下水因为毛管力向上扩散或根系作用而散发的水量，并且假定只有当浅层地下水量大于预先设定的一个 w_{revap} 阈值之后才进行计算，其值与潜在蒸散发量之间成正比；$w_{\mathrm{pump,sh}}$ 为抽取到地表的浅层地下水水量。

SWAT 采用降雨-地下水响应模型中的指数衰减权重函数计算土壤水补给地下水的滞时：

$$\omega_{\mathrm{rchrg},i}=\left[1-\exp\left(-\frac{1}{\delta_{\mathrm{gw}}}\right)\right]\cdot\omega_{\mathrm{seep}}+\exp\left(-\frac{1}{\delta_{\mathrm{gw}}}\right)\cdot\omega_{\mathrm{rchrg},i-1} \tag{14.2.10}$$

式中：$\omega_{\mathrm{rchrg},i}$、$\omega_{\mathrm{rchrg},i-1}$ 分别为当天和前一天地下水补给量，包括浅层和深层地下水补给量；δ_{gw} 为渗流区水分传导常数；ω_{seep} 为渗漏出土壤底层补给地下水的土壤含水量。

地下径流中只有浅层地下水对该流域的河川径流有补给量，且假定浅层饱水带中的水位大于给定的临界值才产流，

$$Q_{\mathrm{gw},i}=\begin{cases}Q_{\mathrm{gw},i-1}\cdot\exp(-\alpha_{\mathrm{gw}}\cdot\Delta t)+\omega_{\mathrm{rchrg,sh}}\cdot[1-\exp(-\alpha_{\mathrm{gw}}\cdot\Delta t)], & \mathrm{aq}_{\mathrm{sh}}>\mathrm{aq}_{\mathrm{shthr,q}}\\ 0, & \mathrm{aq}_{\mathrm{sh}}\leqslant\mathrm{aq}_{\mathrm{shthr,q}}\end{cases} \tag{14.2.11}$$

式中：$Q_{\mathrm{gw},i}$、$Q_{\mathrm{gw},i-1}$ 分别为当天和前一天进入河道的浅层地下水量；α_{gw} 为地下水退水系数；Δt 为计算时长；$\omega_{\mathrm{rchrg,sh}}$ 为浅层地下水补给量；$\mathrm{aq}_{\mathrm{sh}}$ 为浅层地下水含水量；$\mathrm{aq}_{\mathrm{shthr,q}}$ 为浅层地下水产流的临界含水量。

14.2.2 蒸散发计算

1. 冠层截留蒸散发

植被林冠对下渗、地表径流和蒸散发影响显著。林冠截留可以降低雨水的侵蚀能力，并将一部分雨水滞留在林冠中。截留量取决于植被覆盖密度和植被物种形态。计算地表径流时，改进的 SCS 模型将林冠截留集成到初损中，初损约占当天滞蓄量的 20%。

SWAT 可以根据叶面积指数估算日最大林冠存储量：

$$\mathrm{can}_{\mathrm{day}}=\mathrm{can}_{\mathrm{mx}}\cdot\frac{\mathrm{LAI}}{\mathrm{LAI}_{\mathrm{mx}}} \tag{14.2.12}$$

式中：can_{day} 为模拟日最大林冠存储量；can_{mx} 为林冠充分发育时的最大林冠存储量；LAI 为模拟日叶面积指数；LAI_{mx} 为植被最大叶面积指数。

当 $R'_{day} \leqslant can_{day} - R_{INT(i)}$ 时，

$$R_{INT(f)} = R_{INT(i)} + R'_{day}, \quad R_{day} = 0 \tag{14.2.13}$$

当 $R'_{day} > can_{day} - R_{INT(i)}$ 时，

$$R_{INT(f)} = can_{day}, \quad R_{day} = R'_{day} - [can_{day} - R_{INT(i)}] \tag{14.2.14}$$

式中：$R_{INT(i)}$ 为模拟日林冠存储的初始自由水量；$R_{INT(f)}$ 为模拟日林冠存储的最终自由水量；R'_{day} 为扣除林冠截留之前的降水量；R_{day} 为模拟日到达地表的降水量；can_{day} 为模拟日最大林冠存储量。

2. 潜在蒸散发

潜在蒸散发最初定义为，土壤水分供给充分，并且在无对流或热存储效应的条件下，均匀覆盖生长植被的区域的蒸散发量；之后简化为充分供水条件下，完全遮蔽地表、具有均匀高度的矮绿作物的蒸散发量。SWAT 引入三种方法计算潜在蒸散发量。

（1）彭曼-蒙蒂思（Penman-Monteith）法。考虑能量平衡、水汽扩散理论、空气动力学和表面阻抗项，方程形式为

$$\lambda E = \frac{\Delta \cdot (H_{net} - G) + \rho_{air} \cdot c_p \cdot (e_z^0 - e_z) / r_a}{\Delta + \gamma \cdot (1 + r_c / r_a)} \tag{14.2.15}$$

式中：λ 为蒸发潜热；λE 为潜热通量；E 为蒸发率；Δ 为饱和水汽压-温度曲线的斜率；H_{net} 为净辐射量；G 为土壤热通量；ρ_{air} 为空气密度；c_p 为固定压强下的比热容；e_z^0 为高度 z 处的饱和水汽压；e_z 为高度 z 处的水汽压；γ 为干湿计常数；r_c 为植被林冠阻抗；r_a 为空气层弥散阻抗。

（2）普里斯特利-泰勒（Priestley-Taylor）法。该方法适用于较湿润的地表区域，不考虑空气动力学部分，能量部分乘以系数 α_{pet}，当周边环境湿润时，α_{pet}=1.28，方程形式为

$$\lambda E = \alpha_{pet} \cdot \frac{\Delta}{\Delta + \gamma} \cdot (H_{net} - G) \tag{14.2.16}$$

（3）哈格里夫斯（Hargreaves）法。该方法的方程形式为

$$\lambda E_0 = 0.002\,3 H_0 \cdot (T_{mx} - T_{mn})^{0.5} \cdot (\overline{T_{av}} + 17.8) \tag{14.2.17}$$

式中：E_0 为潜在蒸散发量；H_0 为地外辐射；T_{mx} 为日最高气温；T_{mn} 为日最低气温；$\overline{T_{av}}$ 为日平均气温。

3. 实际蒸散发

首先从植被林冠截留的蒸散发量开始计算，然后计算最大蒸腾量、最大升华量和最大土壤水分蒸散发量，最后计算实际的升华量和土壤水分蒸散发量。

1）林冠截留蒸散发

若潜在蒸散发量 E_0<林冠截留的自由水量 R_{INT}，则

$$E_{\text{a}} = E_{\text{can}} = E_0 \quad (14.2.18)$$

$$E_{\text{INT}(f)} = E_{\text{INT}(i)} - E_{\text{can}} \quad (14.2.19)$$

式中：E_{a} 为某日流域的实际蒸散发量，mm；E_{can} 为某日林冠自由水蒸散发量，mm；$E_{\text{INT}(i)}$ 为某日植被林冠自由水初始含量，mm；$E_{\text{INT}(f)}$ 为某日植被林冠自由水终止含量，mm。

若潜在蒸散发量 E_0>林冠截留的自由水量 R_{INT}，则

$$E_{\text{can}} = E_{\text{INT}(i)}, \qquad E_{\text{INT}(f)} = 0 \quad (14.2.20)$$

当植被林冠截留的自由水被全部蒸散发时，继续蒸散发所需要的水分就要从植被和土壤中得到。

2）植物蒸腾

假设植被生长在一个理想的条件下，则有

$$E_t = \begin{cases} \dfrac{E_0' \cdot \text{LAI}}{3.0}, & 0 \leqslant \text{LAI} \leqslant 3.0 \\ E_0', & \text{LAI} > 3.0 \end{cases} \quad (14.2.21)$$

式中：E_t 为某日最大蒸腾量，mm；E_0' 为植被林冠自由水蒸散发调整后的潜在蒸散发量，mm；LAI 为模拟日叶面积指数。

3）土壤水分蒸散发

首先区分不同深度的土壤层所需要的蒸散发量，土壤深度层次的划分决定土壤允许的最大蒸散发量，由式（14.2.22）计算：

$$E_{\text{soil},z} = E_{\text{s}}'' \cdot \frac{z}{z + \exp(2.347 - 0.00713z)} \quad (14.2.22)$$

式中：$E_{\text{soil},z}$ 为深度 z 处蒸散发需要的水量；E_{s}'' 为所有土壤层深度的蒸散发需水量的和；z 为地表以下土壤深度。

土壤水分蒸散发所需要的水量是由土壤上层蒸散发需水量与土壤下层蒸散发需水量决定的。此外，SWAT 建立了土壤蒸散发调节系数 esco 来调整土壤层深度的划分：

$$E_{\text{soil,ly}} = E_{\text{soil,zl}} - E_{\text{soil,zu}} \cdot \text{esco} \quad (14.2.23)$$

式中：$E_{\text{soil,ly}}$ 为土壤蒸散发需水量；$E_{\text{soil,zl}}$ 为土壤下层蒸散发需水量；$E_{\text{soil,zu}}$ 为土壤上层蒸散发需水量。

当土壤层含水量低于田间持水量时，蒸散发需水量也相应减少，蒸散发需水量可由式（14.2.24）求得

$$E_{\text{soil,ly}}' = \begin{cases} E_{\text{soil,ly}} \cdot \exp\left[\dfrac{2.5(\text{SW}_{\text{ly}} - \text{FC}_{\text{ly}})}{\text{FC}_{\text{ly}} - \text{WP}_{\text{ly}}}\right], & \text{SW}_{\text{ly}} \leqslant \text{FC}_{\text{ly}} \\ E_{\text{soil,ly}}, & \text{SW}_{\text{ly}} > \text{FC}_{\text{ly}} \end{cases} \quad (14.2.24)$$

式中：$E_{\text{soil,ly}}'$ 为调整后的整个土壤层蒸散发需水量；SW_{ly} 为整个土壤层的含水量；FC_{ly} 为整个土壤层的田间持水量；WP_{ly} 为整个土壤层的凋萎含水量。

14.2.3　土壤侵蚀模拟方法

SWAT 采用修正的 MUSLE（modified universal soil loss equation）来模拟土壤侵蚀过程，即

$$Y = 11.8(Q \cdot \mathrm{pr})^{0.56} \cdot K_{\mathrm{USLE}} \cdot C_{\mathrm{USLE}} \cdot P_{\mathrm{USLE}} \cdot \mathrm{LS}_{\mathrm{USLE}} \cdot \mathrm{CFRG} \tag{14.2.25}$$

式中：Y 为土壤侵蚀量；Q 为地表径流量；pr 为洪峰径流量；K_{USLE} 为土壤侵蚀因子；C_{USLE} 为植被覆盖和作物管理因子；P_{USLE} 为土壤保持措施因子；$\mathrm{LS}_{\mathrm{USLE}}$ 为地形因子；CFRG 为粗碎块土壤成分计算因子。

1. 因子计算

1）土壤侵蚀因子 K_{USLE}

当其他影响侵蚀的因子不变时，该因子反映不同类型土壤可蚀性的高低，是指每个指示单元上的土壤流失率。

$$K_{\mathrm{USLE}} = \frac{0.000\,21M^{1.14} \cdot (12 - \mathrm{OM}) + 3.25(c_{\mathrm{soilstr}} - 2) + 2.5(c_{\mathrm{perm}} - 3)}{100} \tag{14.2.26}$$

式中：M 为土壤粒径参数；OM 为有机物含量百分比；c_{soilstr} 为土壤分类中的土壤结构代码；c_{perm} 为土壤渗透性等级。

2）植被覆盖和作物管理因子 C_{USLE}

该因子表示植物覆盖和作物栽培措施对防止土壤侵蚀的综合效益，是指在相同地形、土壤和降雨条件下，种植作物或林草地的土地与连续休闲地土壤流失量的比值，最大取值为 1.0。

$$C_{\mathrm{USLE}} = \exp[(\ln 0.8 - \ln C_{\mathrm{USLE,mn}}) \cdot \exp(-0.00115\mathrm{rsd}_{\mathrm{surf}}) + \ln C_{\mathrm{USLE,mn}}] \tag{14.2.27}$$

式中：$C_{\mathrm{USLE,mn}}$ 为最小植被覆盖和作物管理因子；$\mathrm{rsd}_{\mathrm{surf}}$ 为地表植物残留量。

3）土壤保持措施因子 P_{USLE}

土壤保持措施因子 P_{USLE} 指有保持措施的地表土壤流失量与不采取任何措施的地表土壤流失量的比值（措施包括等高耕作、带状种植和梯田）。

4）地形因子 $\mathrm{LS}_{\mathrm{USLE}}$

$$\mathrm{LS}_{\mathrm{USLE}} = \left(\frac{L_{\mathrm{hill}}}{22.1}\right)^m \cdot (65.41\sin^2\alpha_{\mathrm{hill}} + 4.56\sin\alpha_{\mathrm{hill}} + 0.065) \tag{14.2.28}$$

式中：L_{hill} 为坡长；m 为坡长指数；α_{hill} 为坡度。

5）粗碎块土壤成分计算因子 CFRG

若土壤组分中存在直径大于 2.0 mm 的石砾，则有 $\mathrm{CFRG} = \exp(-0.053\mathrm{rock})$，其中，rock 为土壤剖面中直径大于 2.0 mm 的石砾比例。

6）雪盖效应

$$\mathrm{sed}=\frac{\mathrm{sed}'}{\exp\left(\frac{3\mathrm{SNO}}{25.4}\right)} \tag{14.2.29}$$

式中：sed 为特定一天的产沙量；sed′为 MUSLE 计算的产沙量；SNO 为与雪盖等价的水容量。

2. 地表径流滞沙计算

当产沙计算结束后，汇入主河道的泥沙为

$$\mathrm{sed}_{\mathrm{T}}=(\mathrm{sed}'_{\mathrm{T}}+\mathrm{sed}_{\mathrm{stor},i-1})\cdot\left[1-\exp\left(\frac{-\mathrm{surlag}}{t'_{\mathrm{conc}}}\right)\right] \tag{14.2.30}$$

式中：$\mathrm{sed}_{\mathrm{T}}$ 为特定一天汇入主河道的泥沙量，t；$\mathrm{sed}'_{\mathrm{T}}$ 为该日水文响应单元的产沙量，t；$\mathrm{sed}_{\mathrm{stor},i-1}$ 为前一天地表径流中的泥沙蓄量，t；surlag 为地表径流滞蓄系数；t'_{conc} 为水文响应单元中泥沙浓度的维系时间，h。

3. 壤中流和基流中的泥沙计算

SWAT 允许壤中流和基流向主河道输入泥沙，其输入量按式（14.2.31）计算：

$$\mathrm{sed}_{\mathrm{lat}}=\frac{(Q''_{\mathrm{lat}}+Q'_{\mathrm{gw}})\cdot\mathrm{area}_{\mathrm{hru}}\cdot\mathrm{conc}_{\mathrm{sed}}}{1\,000} \tag{14.2.31}$$

式中：$\mathrm{sed}_{\mathrm{lat}}$ 为壤中流和基流的泥沙贡献；Q''_{lat} 为特定一天壤中流径流深；Q'_{gw} 为特定一天基流深；$\mathrm{conc}_{\mathrm{sed}}$ 为壤中流和基流中的泥沙浓度；$\mathrm{area}_{\mathrm{hru}}$ 为水文响应单元的面积。

4. 河道泥沙计算

SWAT 中对泥沙在河网中运移过程的计算包括两个部分，即泥沙的沉积作用及其对河道的冲刷作用。实际计算过程中，通过比较河道中的实际悬浮泥沙浓度和最大悬浮泥沙浓度，判断此时河道泥沙运移过程中发生的是沉积过程还是冲刷过程，方程如下：

$$\mathrm{conc}_{\mathrm{sed,ch,mx}}=c_{\mathrm{sp}}\cdot v_{\mathrm{ch,pk}}^{\mathrm{spexp}} \tag{14.2.32}$$

式中：$\mathrm{conc}_{\mathrm{sed,ch,mx}}$ 为河道水体中的最大悬浮泥沙浓度；c_{sp} 和 spexp 分别为最大悬浮泥沙负荷线性系数和指数系数；$v_{\mathrm{ch,pk}}$ 为洪峰流速。

当 $\mathrm{conc}_{\mathrm{sed,ch,i}}>\mathrm{conc}_{\mathrm{sed,ch,mx}}$ 时，主要发生沉积过程。河道泥沙沉积量的计算公式为

$$\mathrm{sed}_{\mathrm{dep}}=(\mathrm{conc}_{\mathrm{sed,ch,i}}-\mathrm{conc}_{\mathrm{sed,ch,mx}})\cdot V_{\mathrm{ch}} \tag{14.2.33}$$

式中：$\mathrm{sed}_{\mathrm{dep}}$ 为河道泥沙沉积量；$\mathrm{conc}_{\mathrm{sed,ch,i}}$ 为初始泥沙浓度；V_{ch} 为河道中的水量。

当 $\mathrm{conc}_{\mathrm{sed,ch,i}}<\mathrm{conc}_{\mathrm{sed,ch,mx}}$ 时，主要发生冲刷过程。河道泥沙冲刷量的计算公式为

$$\mathrm{sed}_{\mathrm{deg}}=(\mathrm{conc}_{\mathrm{sed,ch,mx}}-\mathrm{conc}_{\mathrm{sed,ch,i}})\cdot V_{\mathrm{ch}}K_{\mathrm{ch}}C_{\mathrm{ch}} \tag{14.2.34}$$

式中：K_{ch} 为河道可蚀性因子；C_{ch} 为河道覆被因子。

当泥沙沉积量和冲刷量计算结束后，按式（14.2.35）计算该河道的输沙量：

$$sed_{ch} = sed_{ch,i} - sed_{dep} + sed_{deg} \tag{14.2.35}$$

式中：sed_{ch} 为某一时段河道输沙量；$sed_{ch,i}$ 为某一时段河道初始挟沙量。

某一时段流域出口输沙总量按式（14.2.36）计算：

$$sed_{out} = sed_{ch} \cdot \frac{V_{out}}{V_{ach}} \tag{14.2.36}$$

式中：sed_{out} 为某一时段经过流域出口的输沙总量；V_{out} 为某一时段出流总量；V_{ach} 为河段蓄水总量。

5. 营养物质输移模拟

1）溶解态氮输移模拟

硝态氮主要随地表径流、侧向流或渗流在水体中迁移，用自由水的硝态氮浓度乘以各流向径流总量，即可得到土壤中流失的硝态氮总量。

自由水中硝态氮浓度的计算公式为

$$conc_{NO_3,mobile} = \frac{NO_{3ly} \cdot \exp\left[\dfrac{-\omega_{mobile}}{(1-\theta_e) \cdot SAT_{ly}}\right] \cdot area_{hru}}{\omega_{mobile}} \tag{14.2.37}$$

式中：$conc_{NO_3,mobile}$ 为自由水中硝态氮的浓度，kg N/mm；NO_{3ly} 为土壤中硝态氮的浓度，kg N/hm^2；ω_{mobile} 为土壤中自由水的量，mm；θ_e 为孔隙度；SAT_{ly} 为土壤饱和含水量，mm；$area_{hru}$ 为水文响应单元的面积，hm^2。

地表径流流失的溶解态氮负荷的计算公式：

$$NO_{3surf} = \frac{\beta_{NO_3} \cdot conc_{NO_3,mobile} \cdot Q_{surf}}{area_{hru}} \tag{14.2.38}$$

式中：NO_{3surf} 为通过地表径流流失的硝态氮，kgN/hm^2；β_{NO_3} 为硝态氮渗流系数；$conc_{NO_3,mobile}$ 为自由水中硝态氮的浓度，kg N/mm；Q_{surf} 为日地表径流量，mm。

侧向流流失的溶解态氮负荷的计算公式如下。

对于地表以下 10 mm 土层：

$$NO_{3lat,ly} = \frac{\beta_{NO_3} \cdot conc_{NO_3,mobile} \cdot Q_{lat,ly}}{area_{hru}} \tag{14.2.39}$$

对于 10 mm 以下的土层：

$$NO_{3lat,ly} = \frac{conc_{NO_3,mobile} \cdot Q_{lat,ly}}{area_{hru}} \tag{14.2.40}$$

式中：$NO_{3lat,ly}$ 为通过侧向流流失的硝态氮，kg N/hm^2；β_{NO_3} 为硝态氮渗流系数；$Q_{lat,ly}$ 为侧向流量，mm。

渗流流失的溶解态氮负荷的计算公式为

$$NO_{3\,perc,ly} = \frac{conc_{NO_3,\,mobile} \cdot \omega_{perc,ly}}{area_{hru}} \tag{14.2.41}$$

式中：$NO_{3perc,ly}$ 为通过渗流流失的硝态氮，kg N/hm^2；$\omega_{perc,ly}$ 为渗流量，mm。

2）吸附态氮负荷模型

有机氮通常吸附在土壤颗粒上并通过径流迁移，这种形式的氮负荷与土壤流失量密切相关，土壤流失量直接反映了有机氮负荷。

有机氮随土壤流失的输移负荷函数为

$$org\,N_{surf} = 0.001conc_{orgN} \cdot \frac{SED}{area_{hru}} \cdot \varepsilon_{N:sed} \tag{14.2.42}$$

式中：$orgN_{surf}$ 为有机氮流失量，kg N/hm^2；$conc_{orgN}$ 为有机氮在表层（10 mm）土壤中氮的含量，kg N/t；SED 为土壤流失量，t；$\varepsilon_{N:sed}$ 为氮富集系数，是随土壤流失的有机氮的浓度和土壤表层有机氮浓度的比值。

氮富集系数 $\varepsilon_{N:sed}$ 的计算公式为

$$\varepsilon_{N:sed} = 0.78(conc_{sed,\,surq})^{-0.246\,8} \tag{14.2.43}$$

式中：$conc_{sed,surq}$ 为地表径流中的泥沙含量，计算公式为

$$conc_{sed,surq} = \frac{SED}{10area_{hru} \cdot Q_{surf}} \tag{14.2.44}$$

式中：SED 为土壤流失量，t；Q_{surf} 为日地表径流量，mm。

3）河道中各形态氮的转换

SWAT 也可以模拟河道中各种形态的氮的转换。

14.3 模型参数

14.3.1 敏感性分析和参数自动率定

参数的敏感性分析有助于进一步了解影响研究流域水文过程的关键因子，并有助于有效率定模型。SWAT 由于参数太多及模型的空间特性，不能准确测量每个参数的准确值，所以有选择地使用对模拟产生重要影响，即敏感性较大的参数来进行率定。

AVSWATX 软件提供了一种自动的参数敏感性分析方法，参数敏感性分析模块给出了 33 个与径流模拟及土壤侵蚀模拟相关的模型参数，供敏感性分析程序使用。AVSWATX 软件中的参数自动率定部分采用了 SCE-UA。

14.3.2　不确定性分析

不确定性分析是基于 SWAT 自动率定的结果进行的，反映的是参数的不确定性。不确定性分析模块首先将所有自动率定的结果分为好坏两组，所有目标函数低于一个阈值的模拟认为是好的模拟，反之，则是坏的模拟，阈值则基于 $\chi_{p'}^2$ 统计得到。对于每一次自动率定，SCE-UA 都会统计出其中每一个参数集对应的残差平方和，并作为目标函数值，从而找到最优的参数集 $\boldsymbol{\theta}^* = (\theta_1^*, \theta_2^*, \cdots, \theta_n^*)$ 及最小的残差平方和 $\mathrm{OF}(\boldsymbol{\theta}^*)$，之后通过卡方统计，应用式（14.3.1）得到区分好坏的阈值 c：

$$c = \mathrm{OF}(\boldsymbol{\theta}^*) \cdot \left(1 + \frac{\chi_{p'}^2 - 0.25}{n - p}\right) \tag{14.3.1}$$

式中：$\chi_{p'}^2$ 为检验统计量；p 为概率；n 为参数集的维度。

14.4　模型应用

ArcSWAT 是一个 SWAT 的图形用户界面，基于 ArcGIS 操作。ArcSWAT 界面提供了一些基本的工具来处理 SWAT 输出文件，并保存模型模拟的结果，ArcSWAT 自带范例及其演示说明。

第15章

暴雨洪水管理模型

15.1 模型概述

城市雨洪资源化的研究是非传统水资源应用中的一个非常重要的方向，在诸多模拟模型中，应用最多的是暴雨洪水管理模型（storm water management model，SWMM）。SWMM 比较成熟，但是对资料要求较高。

15.2 模型结构

SWMM 分为两大部分：径流组件部分和演算部分。径流组件部分主要用来模拟各子汇水面产生的降雨、地表径流和污染情况；而演算部分则是计算通过管道、渠道等部件形成的径流。径流组件部分同时具有水文模型特征、水力模型特征和水质模型特征三种模型特征。

针对水文模型特征，SWMM 主要用于处理城市区域径流产生的各种水文过程。SWMM 的水力特征模块主要体现在常用其模拟径流其他用水在管渠、蓄水单元、排放口、水泵、堰中的流动。除能模拟径流的产汇流外，SWMM 还能模拟伴随着产汇流过程产生的水污染负荷。图 15.2.1 给出了 SWMM 的对象及其与其他对象之间的连接关系，其中低影响开发（low impact development，LID）控制使降水和径流量减少或延缓各种微影响。

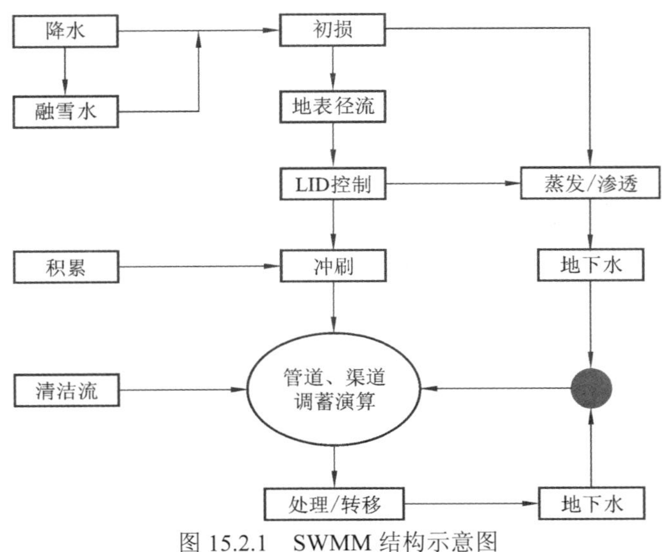

图 15.2.1　SWMM 结构示意图

15.3 模型参数

表 15.3.1 给出了 SWMM 中的变量列表。在 SWMM 的使用过程中，SWMM 的中间变量和结果输出都可以直接依照表 15.3.1 中的参数变量或模型的输入文件计算得到。

表 15.3.1　SWMM 参数变量及取值依据

过程	参数变量	描述	初始值
径流	d	子区域地表的径流深	0
入渗	t_p	等价于霍顿曲线的时间	0
	F_e	累积超渗量	0
	F_u	上层区域水分含量	0
	T	与下次降雨的时间间隔	0
	P	当前的累积雨量	0
	s	土壤剩余水分存储能力	用户提供
地下水	θ_u	不饱和区域的水分含量	用户提供
	d_L	饱和区域深度	用户提供
融雪水	w_{snow}	积雪深度	用户提供
	f_w	积雪自由水面深度	用户提供
	ati	积雪表面温度	用户提供
	cc	积雪含量	0
流量演算	y	节点水深	用户提供
	q	连接处流动速率	用户提供
	a	连接处流动面积	由 q 推导
水质	t_{sweep}	子流域的清理时间	用户提供
	m_B	子流域面污染量	用户提供
	m_p	子流域污染物累积量	0
	c_N	节点处污染物浓度	用户提供
	c_L	连接处污染物浓度	用户提供

模型参数的选取。排水管网模型的参数包括水文模型参数和水力模型参数。水力模型参数主要是排水管网特性数据，通过排水管网普查可获得较为准确的数值，其中不确

定的参数主要是排水管道的摩阻系数。

从理论上讲，模型参数可以从流域直接或间接获得，但由于水文模型参数既有其物理意义，又有其推理、概化的成分，因此大部分模型参数只能在对实测资料进行分析的基础上，通过参数优选得到（谢莹莹，2007）。模型计算时需要的一些参数，如研究区域的管道属性数据及地表的土地利用情况等资料，主要从市政部门及实地勘察获得。对于大多数参数，先根据经验选定其取值范围，如子汇水流域的洼蓄量和曼宁粗糙系数及管道的粗糙系数，然后对其进行检验和优化，SWMM 主要参数见表 15.3.2（黄金良 等，2007；谢莹莹，2007；刘俊 等，2001）。

表 15.3.2　SWMM 主要参数

序号	参数	初始值范围	取值方法
1	子汇水流域面积	4.07～89.10 hm^2	CAD 图
2	特征宽度	109～884 m	CAD 图
3	管道长度	70～891 m	CAD 图
4	平均坡度	0.3	CAD 图
5	不透水率	0～90%	卫星图片划分确定
6	不透水区曼宁粗糙系数	0.010～0.015	参考经验值
7	透水区曼宁粗糙系数	0.10～0.30	
8	不透水区洼蓄量	2～5 mm	
9	透水区洼蓄量	3～10 mm	
10	无洼蓄量不透水区率	5%～30%	
11	管道的粗糙系数	0.013～0.015	
12	最大下渗率	76.2 mm/h	
	最小下渗率	3.81 mm/h	
	衰减系数	0.000 6	

注：CAD 图指计算机辅助设计图。

15.4　模型计算

按照 SWMM 结构示意图，SWMM 系统主要分为径流模块、输送模块、调蓄/处理模块和受纳水体模块四部分。

15.4.1　径流模块模拟原理

在 SWMM 中，根据土地的利用情况和地表排水走向，将一个流域划分为若干个排水子流域，根据各排水子流域的特性计算各自的径流过程，并通过流量演算方法将各排水子流域的出流组合起来。每一个排水子流域再分为三个部分：①有洼蓄量的不透水地表 A1，其出流侧向排入边沟或小下水管道；②无洼蓄量的不透水地表 A2，暴雨初始就立即产生地表径流；③集中所有的透水地表 A3。三种类型的地表单独进行产流计算，排水子流域出流量等于三个部分的出流量之和，排水子流域系统地表汇流计算图见图 15.4.1。

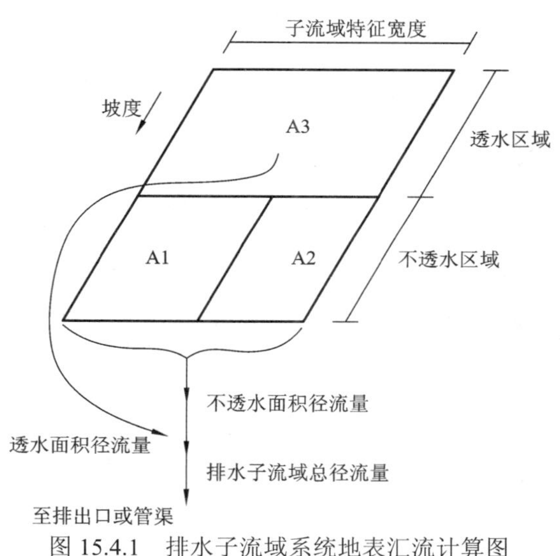

图 15.4.1　排水子流域系统地表汇流计算图

SWMM 中采用霍顿模型、格林-安普特（Green-Ampt）模型和 SCS 模型对透水地表的产流进行计算。三种下渗模型的比较如表 15.4.1 所示。

表 15.4.1　SWMM 中三种下渗模型的比较

项目	下渗模型		
	霍顿模型	格林-安普特模型	SCS 模型
特点描述	描述下渗率与降雨时间的变化关系（下渗率为时间的函数），不反映土壤饱和带与非饱和带下垫面的情况	假设土壤中存在急剧变化的土壤干湿界面，即非饱和土壤带与饱和土壤带的界面，充分的降雨入渗将使下垫面经历由不饱和到饱和的变化过程。该模型将下渗过程分为土壤未饱和阶段和饱和阶段分别计算	根据反映流域特征的综合参数 CN 进行入渗计算，反映的是流域下垫面的前期土壤含水量状况对降雨产流的影响，并不反映降雨过程对产流的影响
适用性	参数少，适用于小流域	对土壤资料要求高	适合大流域产汇流计算

SWMM 中地表径流模拟采用非线性水库模型，由连续方程和曼宁公式联立求解。非线性水库模型需要输入研究区域的面积、排水子流域的宽度、三种地表的曼宁粗糙系数、有洼蓄量地表的洼蓄量及整个排水子流域的坡度。地表径流由三种类型的地面产生，由非线性水库模型模拟，排水子流域非线性水库模型见图 15.4.2。

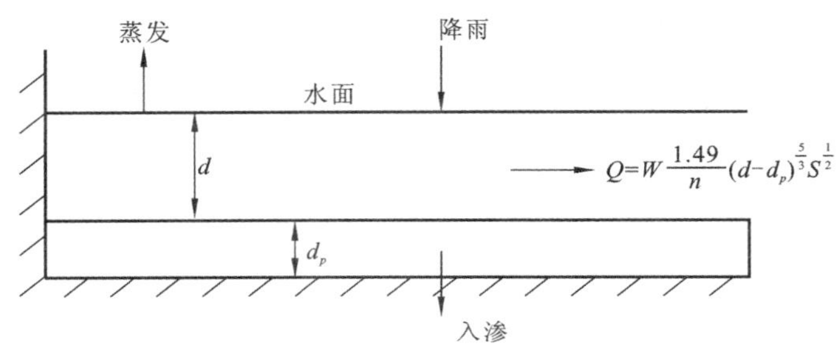

图 15.4.2　排水子流域非线性水库模型

非线性水库模型由连续方程和曼宁公式耦合求解。连续方程为

$$\frac{\mathrm{d}v}{\mathrm{d}t}=A\frac{\mathrm{d}d}{\mathrm{d}t}=A\cdot i^{*}-Q \tag{15.4.1}$$

式中：v 为排水子流域的总水量，m^3；d 为子区域地表的径流深，m；t 为时间，s；A 为排水子流域的面积，m^2；i^* 为净雨强度，mm/s；Q 为流量，m^3/s。

出流量计算使用曼宁公式，为

$$Q=W\frac{1.49}{n}(d-d_p)^{\frac{5}{3}}\cdot S^{\frac{1}{2}} \tag{15.4.2}$$

式中：W 为排水子流域特征宽度，m；d_p 为地表洼蓄量，mm；S 为排水子流域坡度；n 为曼宁粗糙系数。

式（15.4.1）和式（15.4.2）联立合并为非线性微分方程，求解未知数 Q、d。

$$Q=i^{*}-\frac{1.49W}{An}(d-d_p)^{\frac{5}{3}}\cdot S^{\frac{1}{2}}=i^{*}+\mathrm{WCON}\cdot(d-d_p)^{\frac{5}{3}} \tag{15.4.3}$$

式中：WCON 为排水子流域宽度、坡度、曼宁粗糙系数组合的参数，$\mathrm{WCON}=-\frac{1.49W}{An}S^{\frac{1}{2}}$。

式（15.4.3）用有限差分法进行求解，净入流和出流在时间步长内取平均值，净雨强度 i^* 在程序中也是在时间步长内取平均值。平均出流量近似由时间开始和结束的水深求平均值得出，时间开始和结束的水深分别用 d_1 和 d_2 来表示，则式（15.4.3）可以近似改写为

$$\frac{d_2-d_1}{\Delta t}=i^{*}+\mathrm{WCON}\cdot\left[d_1+\frac{1}{2}(d_2-d_1)-d_p\right]^{\frac{5}{3}} \tag{15.4.4}$$

式中：Δt 为时间步长，s。SWMM 计算中，利用牛顿-拉弗森（Newton-Raphson）法迭代求解 d_2，然后通过 d_2 由式（15.4.3）计算时段末的瞬时出流量。

15.4.2　输送模块模拟原理

SWMM 的输送模块用于对管道、检查井和地表渠道的流量进行演算，通过将暴雨下水道系统看成一系列由检查井连接的管道而直接进行系统输入，其基本单元包括街面进口、雨水管道、天然和人工明渠、涵洞、蓄水池和出水口等。排水系统基本单元的特征见表 15.4.2。

表 15.4.2　排水系统基本单元的特征

基本单元	特征
管道	圆形、矩形、梯形、马蹄形、门形；天然明渠
节点	窑形
分流设施	孔口、堰、侧堰
蓄水设施	蓄水池
出口设施	带闸或自由出流的堰、孔口等

SWMM 中管道系统模型中连接段和节点的特征值及约束见表 15.4.3（刘迈，2000）。下水管道系统被概化为“节点-连接管道”，其作为一个整体有明显的特征值，可以代表整个管网系统。水流从连接段的一个节点流向另一个节点，连接段的特征参数为粗糙系数、长度、断面面积、水力半径和水面宽，后三个参数为水流深度的函数。

表 15.4.3　管道系统模型中连接段和节点的特征值及约束

类型	项目	特征值
节点	约束	$\sum Q$ =蓄水量
	每个时段计算的特征值	体积、表面积、水头
	常数	管底和管顶的高程
连接段	约束	$Q_{入} = Q_{出}$
	每个时段计算的特征值	断面面积、水力半径、水面宽、流量、流速、水头损失系统
	常数	管型、长度、坡度、粗糙系数、管底和管顶的高程

注：$\sum Q$ 为通过管道的总流量；$Q_{入}$ 为流入管道的流量；$Q_{出}$ 为流出管道的流量。

SWMM 的输送模块用于演算城市的主要下水道系统，下水道内流量演算的基本微分方程来自明渠缓变非恒定流方程。空间变化的非恒定流方程可以写为

$$\frac{\partial Q'}{\partial t} = -gA'S_f + 2V'\frac{\partial A'}{\partial t} + V'^2\frac{\partial A'}{\partial x} - gA'\frac{\partial H}{\partial x} \tag{15.4.5}$$

式中：Q' 为通过管道的流量，m^3/s；g 为重力加速度；V' 为管道中的流速，m/s；A' 为过水断面面积，m^2；H 为水头，m；S_f 为摩阻坡度。

S_f 用曼宁公式确定，即

$$S_f = \frac{K}{gA'R^{\frac{4}{3}}}Q'|V'| \tag{15.4.6}$$

式中：R 为管道半径；K 为关于曼宁粗糙系数 n 的系数，$K = g(n/1.49)^2$。流速项用绝对值符号，使 S_f 为正数，以确保摩擦阻力总是与水流方向相反。将式（15.4.6）代入式（15.4.5），并用有限差分形式表示为

$$Q'_{t+\Delta t} = Q'_t - \frac{K}{R^{\frac{4}{3}}}|V'|Q'_{t+\Delta t} + 2V'\frac{\Delta A'}{\Delta t}\Delta t + V'^2\frac{A'_2 - A'_1}{L} - gA'\frac{H_2 - H_1}{L}\Delta t \tag{15.4.7}$$

式中：下标 1、2 分别表示管道上、下游端的特征值；L 为管长。对 $Q'_{t+\Delta t}$ 求解，得到：

$$Q'_{t+\Delta t} = \frac{1}{1+\left(K\Delta t / R^{\frac{3}{4}}\right)|\overline{V}'|}\left(Q'_t + 2V'\Delta A' + \overline{V}'^2\frac{A'_2 - A'_1}{L} - g\overline{A}'\frac{H_2 - H_1}{L}\Delta t\right) \tag{15.4.8}$$

式中：$\overline{A}'$ 为 Δt 时段过水断面平均面积；$\overline{V}'$ 为 t 时刻管道终端流速的加权平均值。此外，为考虑管道的出口和入口损失，可以从 H_2 和 H_1 中减去水头损失。

式（15.4.8）中的主要未知数为 $Q'_{t+\Delta t}$、H_1、H_2。变量 $\overline{V}'$、R 都可能与 Q'_t 和 H 有关，因此还需要与 Q'_t 和 H 有关的另一个方程。可从一个节点的连续方程中推导出如下方程：

$$\frac{\partial H}{\partial t} = \sum Q'_t / A'_t \tag{15.4.9}$$

式中：Q'_t 为 t 时刻通过管道的流量；A'_t 为 t 时刻过水断面的面积。

式（15.4.9）以有限差分形式表示为

$$H_{t+\Delta t} = H_t + \left(\sum Q'_t \Delta t\right) / A'_t \tag{15.4.10}$$

根据式（15.4.10）和式（15.4.8），可依次求解时段 Δt 内每段管道的流量和每个节点的水头。式（15.4.10）和式（15.4.8）的数值积分可用修正的欧拉（Euler）法求解，在满足一定约束的条件下，求解结果是比较准确和稳定的。

15.4.3 调蓄/处理模块模拟原理

调蓄量的改变表示为

$$\Delta V / \Delta t = \overline{I} - \overline{O} \tag{15.4.11}$$

$$\overline{I} = (I_1 + I_2) / 2 \tag{15.4.12}$$

$$\bar{O}=(O_1+O_2)/2 \tag{15.4.13}$$

$$\Delta V=V_2-V_1 \tag{15.4.14}$$

联立式（15.4.11）～式（15.4.14），进一步化简可得

$$V_2-V_1=\frac{I_1+I_2}{2}\Delta t-\frac{O_1+O_2}{2}\Delta t \tag{15.4.15}$$

式中：I_1、I_2 为模拟时段起始和结束时的输入；O_1、O_2 为模拟时段起始和结束时的输出；V_1、V_2 为水库容量的前后变化。

对于一个给定的过程，I_1、I_2、O_1 和 V_1 是已知的，其他参数需要计算得出。在 SWMM 中，有

$$0.5O_2\Delta t=f(0.5O_1\Delta t+V_2) \tag{15.4.16}$$

其中，蒸发损失率用式（15.4.17）计算：

$$e_v=A_{\text{surf}}e_d/k \tag{15.4.17}$$

式中：e_v 为蒸发损失率，$\text{ft}^3/\text{s}\ (1\text{ft}=3.048\times10^{-1}\text{m})$；$A_{\text{surf}}$ 为单元中水面线以上的地表面积，ft^2；e_d 为蒸发速率，in/d（1in=2.54 cm）；k 为换算因子，为 $1\,036\,800.0\ \text{in}\cdot\text{s}/(\text{ft}\cdot\text{d})$。

15.4.4 受纳水体模块模拟原理

SWMM 受纳水体模块的输入是输送模块或调蓄/处理模块的出流。受纳水体一般为具有广阔水面的水体，可描述成与排水系统相连的节点网络系统进行分析，其边界条件可以是堰/闸或某种潮汐水流条件。在运算中，输送模块及调蓄/处理模块可以接受除受纳水体模块以外的任何其他模块的输入。

第 16 章

人工神经网络模型

16.1 模型概述

人工神经网络（artificial neural network，ANN）模型是一种模拟人工智能的网络系统，它是深度学习算法的基本组成部分，是人工智能的前沿技术。

ANN 模型的发展大致可以分为三个时期：①初创时期（1947～1969 年）；②过渡低潮期（1970～1986 年）；③高潮期（1987 年至今）。ANN 模型应用于水利工程中的组合优化、模式识别、图像处理、自动控制、机器人控制和信号处理等各个领域。

16.2 模型结构

16.2.1 ANN 模型介绍

1. 人工神经元模型

ANN 模型的理论基础为人工神经元模型，人工神经元模型为其基本处理单元，人工神经元模型的结构见图 16.2.1。

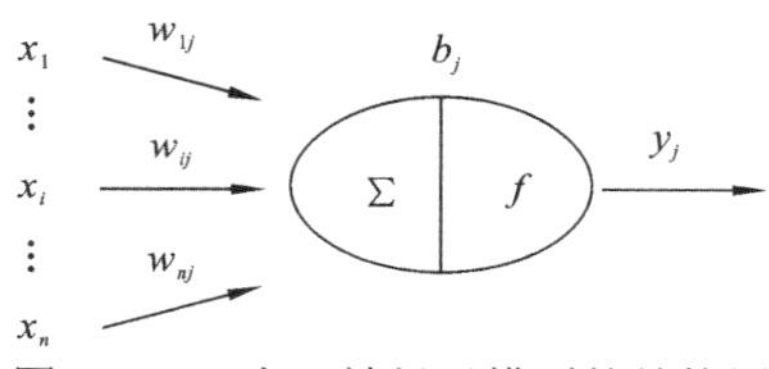

图 16.2.1 人工神经元模型的结构图

图 16.2.1 中，$x_1,\cdots,x_i,\cdots,x_n$ 为该神经元的输入，$w_{1j},\cdots,w_{ij},\cdots,w_{nj}$ 为输入该神经元的权值，b_j 为该神经元的阈值，f 为该神经元的激励函数，y_j 为该神经元的输出，故可以得到神经元的数学模型表达式：

$$y_j = f\left(\sum_{i=1}^{n} w_{ij}x_i - b_j\right) \tag{16.2.1}$$

2. ANN 模型的分类

ANN 模型可以分为前馈网络模型、反馈网络模型、相互结合型网络模型和混合型网络模型，各模型的结构分别见图 16.2.2～图 16.2.5。

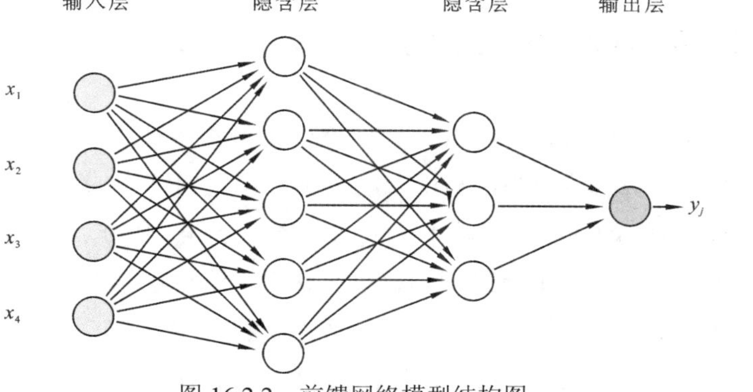

（扫一扫 看彩图）

图 16.2.2　前馈网络模型结构图

信号输入

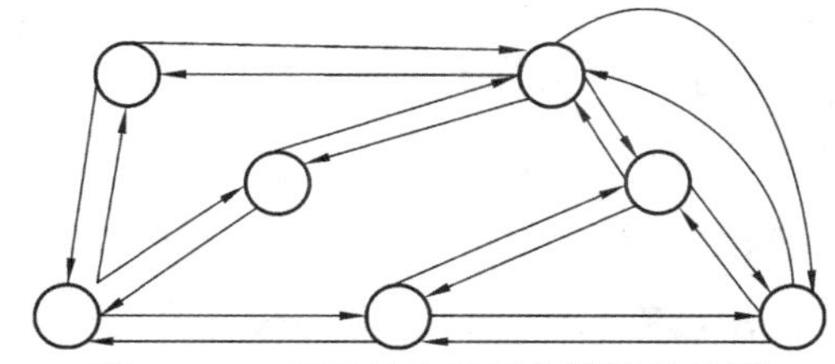

信号输出

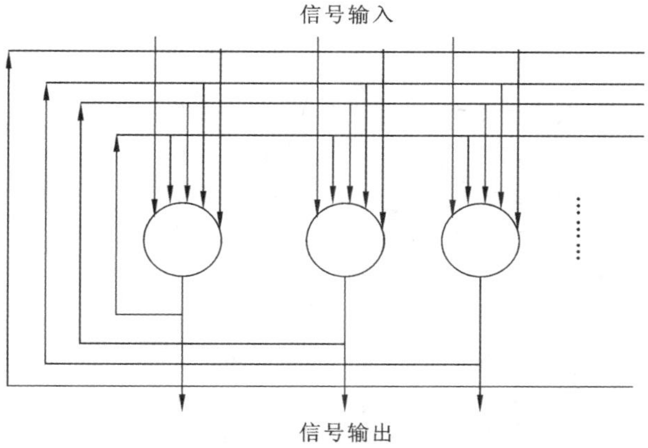

图 16.2.3　反馈网络模型结构图

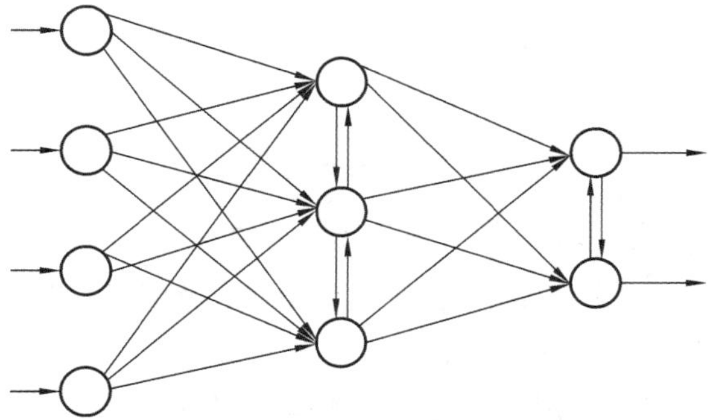

图 16.2.4　相互结合型网络模型结构图

图 16.2.5　混合型网络模型结构图

16.2.2 反向传播神经网络模型的原理及改进

反向传播（back propagation，BP）神经网络模型是一种 ANN 模型，其按照误差逆向传播算法训练的多层前馈网络，利用误差来不断调整网络中的权值和阈值，BP 神经网络模型的结构如图 16.2.6 所示。其中，x_j 表示输入层第 j 个节点的输入；w_{ij} 表示隐含层第 i 个节点到输入层第 j 个节点之间的权值；θ_i 表示隐含层第 i 个节点的阈值；$\phi(x)$ 表示隐含层的激励函数；w_{ki} 表示输出层第 k 个节点到隐含层第 i 个节点之间的权值；a_k 表示输出层第 k 个节点的阈值；$\psi(x)$ 表示输出层的激励函数；o_k 表示输出层第 k 个节点的输出。

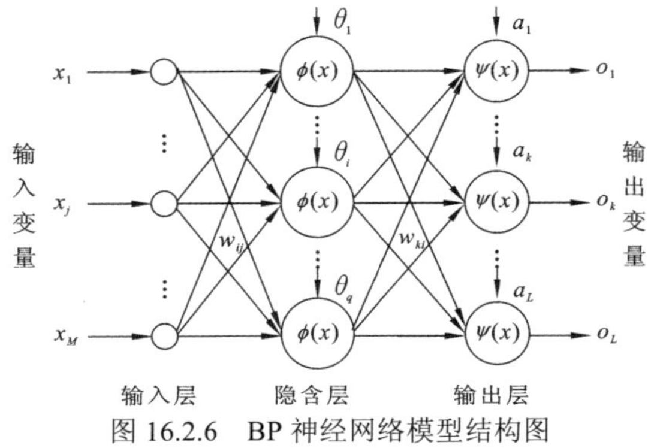

图 16.2.6　BP 神经网络模型结构图

目前，BP 神经网络模型已经广泛地应用于各个领域中。在实际应用中，人们发现 BP 神经网络模型有其特有的优点，同时存在着一些不足，如存在着两个重要的问题：收敛速度慢、易陷入局部极小值。

为此，提出了许多改进 BP 神经网络模型的方法，如加入动量项。为提高 BP 神经网络模型的训练速度，防止振荡现象的产生，在对连接权值进行调整时按一定比例加上前一次学习的动量项 $\Delta w_{ij}(n)$：

$$\Delta w_{ij}(n) = -\beta\frac{\partial E}{\partial w_{ij}} + \eta\Delta w_{ij}(n-1) \tag{16.2.2}$$

$$E = \frac{1}{2}\sum_{p=1}^{N}\sum_{k=0}^{L}(T_k^p - o_k^p)^2 \tag{16.2.3}$$

式中：n 为训练次数；β 为学习速率；η 为动量系数；E 为系统对训练样本的总误差函数；N 为样本数；L 为输出层节点数；T_k^p 为输出层第 k 个节点在第 p 个样本的期望输出；o_k^p 为输出层第 k 个节点在第 p 个样本的输出。

该方法中，动量系数是固定的，也可以将动量系数设置为一个变量，使其随着训练的过程不断改变，动量项在训练调整过程中所占的比重也逐渐改变，从而使得连接权

值随着训练过程的不断进行逐渐沿着期望的方向调整，式（16.2.2）修改为

$$\Delta w_{ij}(n)=-\beta\frac{\partial E}{\partial w_{ij}}+\eta(n)\Delta w_{ij}(n-1) \tag{16.2.4}$$

16.3　水文预报中常用的神经网络模型

16.3.1　径向基函数神经网络模型

径向基函数（radial basis function，RBF）神经网络模型为 ANN 模型的一种，RBF 神经网络模型的结构如图 16.3.1 所示，其基本思想是对输入矢量做变换，从而使得问题容易求解。

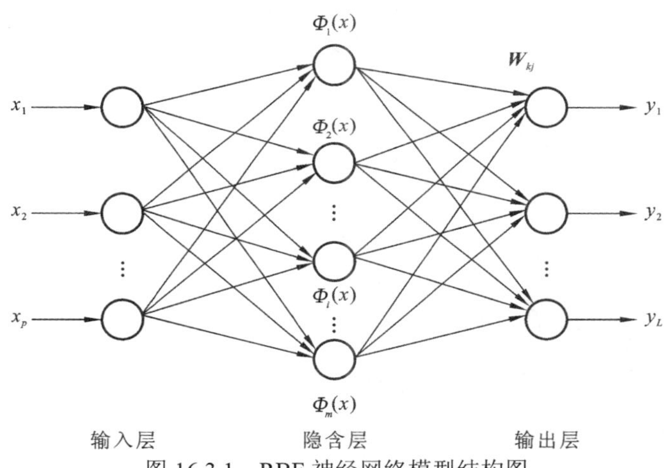

图 16.3.1　RBF 神经网络模型结构图

图 16.3.1 中，$x_1,x_2,\cdots,x_p$ 为输入，$\boldsymbol{W}_{kj}$ 为输出权矩阵，$y_1,y_2,\cdots,y_L$ 为输出，$\Phi_i(x)$ 为第 i 个隐节点的激励函数（通常取为高斯函数）。

（1）从输入层到隐含层的非线性变换。

第 i 个隐含层的输出为

$$h_i=\phi\left(\frac{\|\boldsymbol{X}-\boldsymbol{c}_i\|}{\boldsymbol{b}_i}\right) \tag{16.3.1}$$

式中：h_i 为第 i 个隐含层的输出；$\boldsymbol{X}$ 为网络输入变量；$\boldsymbol{b}_i$ 为宽度向量；$\boldsymbol{c}_i$ 为中心向量。

（2）从隐含层到输出层的线性合并。

$$y_j=\sum_{i=1}^{m}h_i w_{ij} \tag{16.3.2}$$

式中：w_{ij} 为矩阵 $\boldsymbol{W}_{kj}$ 中 i 行 j 列的输出权重；m 为隐含层函数的个数。

RBF 神经网络模型的结构十分简单，而且计算速度快，故被广泛地应用于各种领域内。

16.3.2 广义回归神经网络模型

广义回归神经网络（generalized regression neural network，GRNN）模型为 ANN 模型的一种，由四层构成，分别为输入层、模式层、求和层、输出层，GRNN 模型的结构如图 16.3.2 所示。

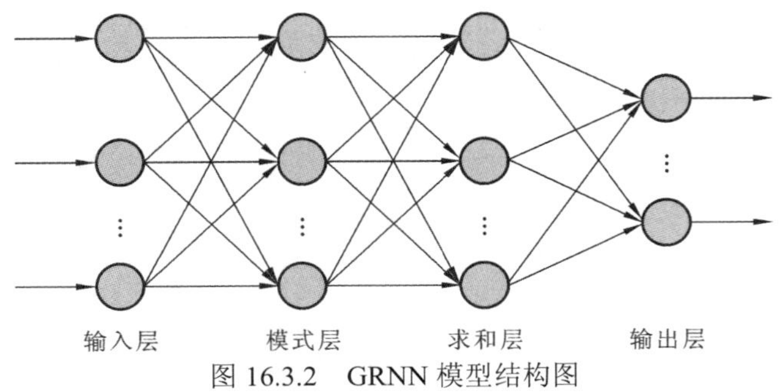

图 16.3.2 GRNN 模型结构图

模式层的传递函数 p_i 为

$$p_i = \exp\left[-\frac{(\boldsymbol{X}-\boldsymbol{X}_i^s)^{\mathrm{T}}(\boldsymbol{X}-\boldsymbol{X}_i^s)}{2\sigma^2}\right] \tag{16.3.3}$$

式中：$\boldsymbol{X}$ 为网络输入变量；$\boldsymbol{X}_i^s$ 为第 i 个神经元对应的学习样本；σ 为平滑因子。

求和层中的传递函数有两类，其中一类对所有模式层中神经元的输出进行算数求和，其模式层与各神经元的连接权值为 1，传递函数为

$$S_D = \sum_{i=1}^{n} p_i \tag{16.3.4}$$

另一类对所有模式层中的神经元进行加权求和，其模式层中第 i 个神经元与求和层中第 j 个分子求和神经元之间的连接权值为第 i 个输出样本 y_i 中的第 j 个元素，传递函数为

$$S_{Nj} = \sum_{i=1}^{n} p_i y_{ij},\ j = 1,2,\cdots,k \tag{16.3.5}$$

式中：y_{ij} 为第 i 个输出样本 y_i 中的第 j 个元素。

输出层的传递函数为

$$y_i = \frac{S_{Nj}}{S_D} \tag{16.3.6}$$

16.4 应用实例

16.4.1 长江上游流域概况

长江流域总面积为 180 万 km^2，上游来水主要受上游干支流的影响。本小节选用金沙江屏山站、岷江高场站、嘉陵江北碚站及长江干流宜昌站汛期 1997～2007 年的同步日流量资料进行计算。长江上游流域示意图如图 16.4.1 所示，长江上游流域面积超过 8 万 km^2 的支流有 4 条。

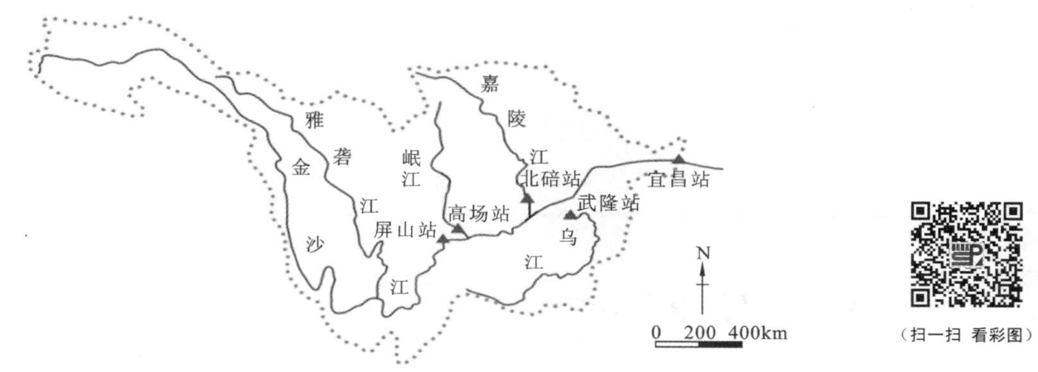

图 16.4.1　长江上游流域示意图

将金沙江屏山站、岷江高场站、沱江李家湾站、嘉陵江北碚站、乌江武隆站和长江干流宜昌站上游前期 13 天的实测日流量，即 $x_{t-13}, x_{t-12}, \cdots, x_{t-1}$，作为可能的输入变量，将宜昌站 t 时刻的流量作为输出变量，通过上游径流量预测下游径流量，建立径流预报模型。

16.4.2 预报因子的选择

常见的神经网络预报因子的选择方法包括先验知识法、相关系数法、互信息方法、偏互信息法等。本书应用相关系数法来选取预报因子，将其应用于水文预报中。

相关系数又称线性相关系数，它是衡量变量之间线性相关程度的指标。样本相关系数用 r 表示，总体相关系数用 ρ 表示，相关系数的取值范围为[−1，1]。$|r|$越大，误差 Q 越小，变量之间的线性相关程度越高；$|r|$越接近 0，Q 越大，变量之间的线性相关程度越低，其计算公式如下：

$$r = \frac{\sum_{i=1}^{N}(X_i - \bar{X})(Y_i - \bar{Y})}{\sqrt{\sum_{i=1}^{N}(X_i - \bar{X})^2}\sqrt{\sum_{i=1}^{N}(Y_i - \bar{Y})^2}} \tag{16.4.1}$$

式中：X_i 为输入量；Y_i 为输出量；$\bar{X}$、$\bar{Y}$ 分别为输入量与输出量的均值。

将金沙江屏山站、岷江高场站、沱江李家湾站、嘉陵江北碚站、乌江武隆站和长江干流宜昌站上游前期 13 天的实测日流量依次与输出变量（宜昌站 t 时刻的流量 $X_{yc,t}$）做相关性分析，求出各个站点与输出变量间的相关系数，各站取出相关系数最大的日流量作为预报因子，线性相关系数选择结果如表 16.4.1 所示。

表 16.4.1　线性相关系数选择结果

河流	站点	相关系数法滞时
金沙江	屏山站	$t-1$
岷江	高场站	$t-4$
沱江	李家湾站	$t-3$
嘉陵江	北碚站	$t-2$
乌江	武隆站	$t-2$
长江	宜昌站	$t-1$

16.4.3　神经网络的建立

1. BP 神经网络模型

构建单隐含层 BP 神经网络模型（含 10 个节点）。ANN 模型中隐含层和输出层的传递函数均为双曲正弦函数，BP 神经网络模型的学习算法为动量梯度下降算法。预报 2006～2007 年汛期的日流量，预测结果的确定性系数、合格率和均方根误差（RMSE）分别为 0.903 6、0.856 6 和 2 932 m^3/s，其确定性系数和合格率均达到甲等水平。BP 神经网络模型的预报结果如图 16.4.2 所示。

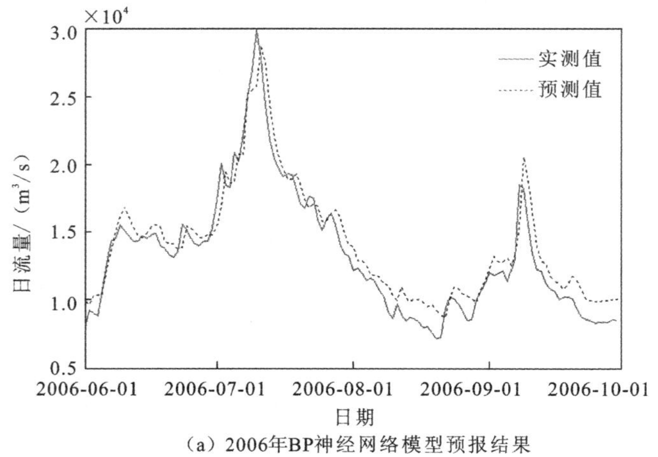

（a）2006年BP神经网络模型预报结果

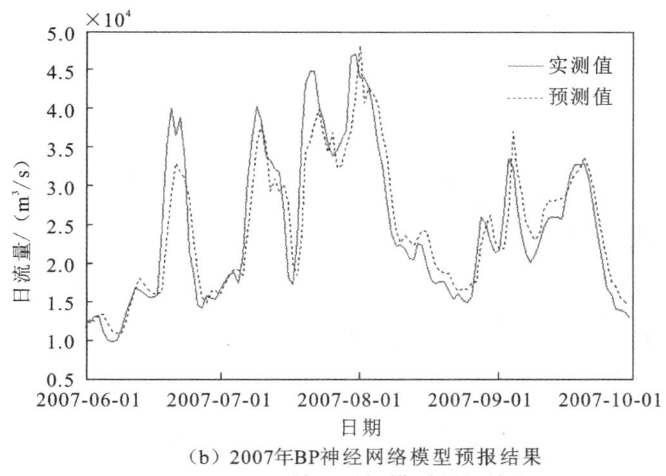

（b）2007年BP神经网络模型预报结果

图 16.4.2　BP 神经网络模型预报结果

2. RBF 神经网络模型

RBF 神经网络模型的基函数为高斯函数。RBF 神经网络模型预报出了 2006～2007 年汛期的日流量，预测结果的确定性系数、合格率和 RMSE 分别为 0.858 2、0.807 4 和 3 555 m^3/s，其确定性系数达到甲等水平，合格率达到乙等水平。RBF 神经网络模型的预报结果如图 16.4.3 所示。

3. GRNN 模型

在所建立的 GRNN 模型中，求和层函数为

$$\sum_{i=1}^{n} Y_i \exp\left[-\frac{(\boldsymbol{X}-\boldsymbol{X}_i^s)^{\mathrm{T}}(\boldsymbol{X}-\boldsymbol{X}_i^s)}{2\sigma^2}\right] \tag{16.4.2}$$

式中：$\boldsymbol{X}$ 为网络输入变量；$\boldsymbol{X}_i^s$ 为第 i 个神经元对应的学习样本；Y_i 为输出量。

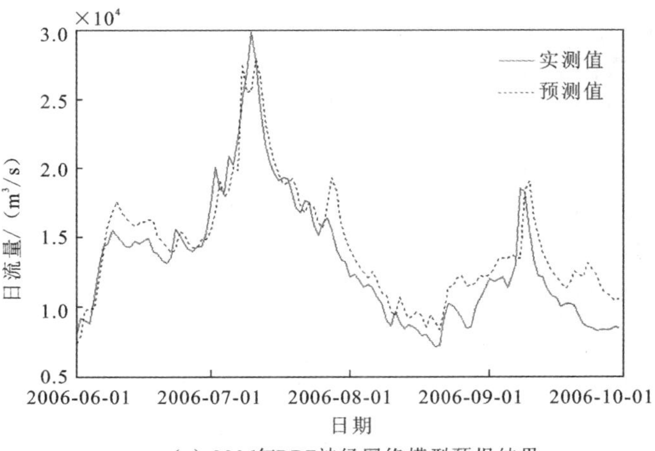

（a）2006年RBF神经网络模型预报结果

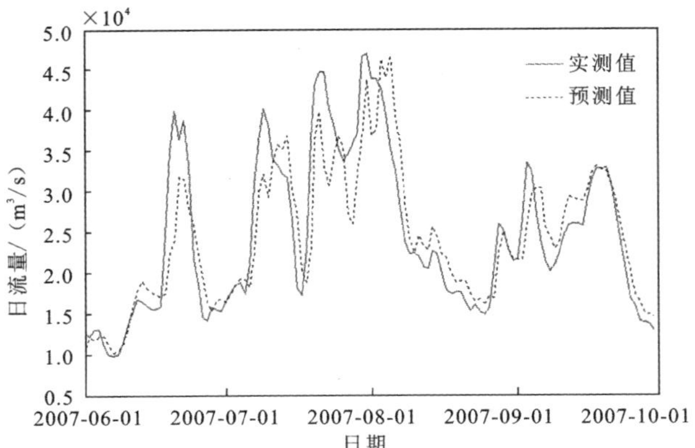

（扫一扫 看彩图）

（b）2007年RBF神经网络模型预报结果

图 16.4.3 RBF 神经网络模型预报结果

GRNN 模型预报出了 2006～2007 年汛期的日流量，预测结果的确定性系数、合格率和 RMSE 分别为 0.888 2、0.791 0 和 3 168 m^3/s，其确定性系数和合格率均达到乙等水平。GRNN 模型的预报结果如图 16.4.4 所示。

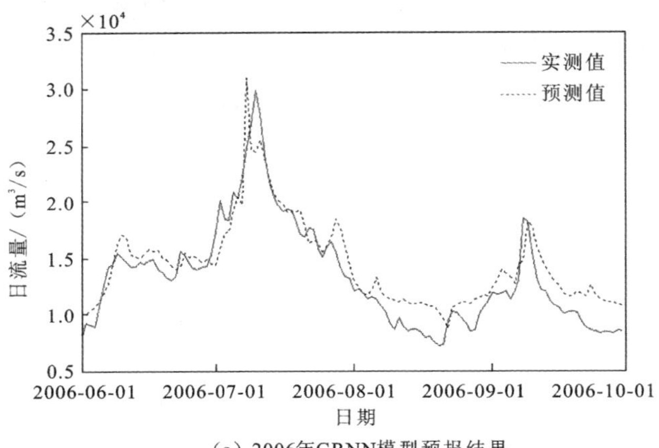

（a）2006年GRNN模型预报结果

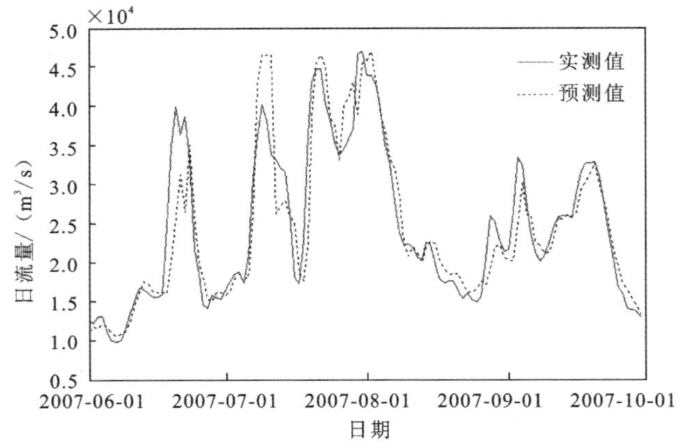

（扫一扫 看彩图）

（b）2007年GRNN模型预报结果

图 16.4.4 GRNN 模型预报结果

16.4.4　结果分析

综上，在对宜昌站日流量的预报试验中，BP 神经网络模型的预报精度要高于 RBF 神经网络模型和 GRNN 模型。

水文预报中应用最为广泛的是BP神经网络模型，本章着重介绍了BP神经网络模型的原理，分析了其优缺点，针对其收敛速度慢、易陷入局部极小值的问题，介绍了改进的方法。本章也对水文预报中其他常用的两种神经网络模型——RBF 神经网络模型、GRNN模型的原理进行了阐述。采用应用实例比较了三种神经网络模型的计算结果，具体如表 16.4.2 所示。

表 16.4.2　三种神经网络模型计算结果的比较分析

模型	确定性系数		RMSE/（m^3/s）		合格率	
	率定	训练	率定	训练	率定	训练
BP 神经网络模型	0.923 1	0.903 6	1 476	2 932	0.985 7	0.856 6
GRNN 模型	0.977 3	0.888 2	1 667	3 168	0.975 4	0.791 0
RBF 神经网络模型	0.972 8	0.858 2	1 824	3 555	0.977 5	0.807 4

习　题

一、判断正误

1. 任何水文模型都必须包含降雨–产流关系、产流至流域出口汇流两个功能模块。（　　）

2. 与产流量相等的那部分降雨量称为有效降雨量。它与流域的雨前条件呈非线性关系。如果已计算出有效降雨量，那么像单位水文过程线这样的线性汇流方法，常会有非常好的模拟结果。（　　）

3. 根据霍顿的著作，单位水文过程线法的早期应用假设所有的暴雨径流都是通过超渗机制产生的。通常，这不完全符合事实。尽管在水文过程线和降雨分割方面存在困难，这类方法的应用仍非常成功，主要是因为这类方法在流域尺度上具有流量预报所需要的功能。（　　）

4. 借助于参数值的率定，即使是简单的水文模型也能得到河道径流水文过程和土壤储水量的良好预报结果。（　　）

5. 最早的分布式模型是建立在时间–面积概念上的。通过在 GIS 内叠加不同类型的数据，实现基于分布式水文响应单元定义的研究，实质上也是建立在类似概念上的。（　　）

6. 完全基于过程的分布式模型允许在流域内预报局部水文响应，但是必须为每个网格单元确定众多参数值，这就使参数率定非常困难，由于流域特性的异质性及可用的测量技术的局限性，在网格尺度上进行有效参数值的直接测量或估算也很困难。（　　）

7. 基于流域内响应分布的较为简单的模型，在流域尺度的预报方面，仍可以大有作为。一些类似 TOPMODEL 的模型，有潜力将那些响应映射回流域，对模拟结果做进一步评估。（　　）

8. 用于降雨径流模拟的数据通常是点数据，即使必须在使用中以无误差来对待，也不可能没有误差。（　　）

9. 在降雨径流模拟研究中，使用数据之前，必须检验它们的一致性。可以采用一些简单的检验方法来识别那些可能需要更仔细检查或从分析中剔除的异常行为时段。（　　）

10. 直接测定蒸散发率的方法目前还不通用，估算潜在蒸散发和实际蒸散发的各种方法需要不同可用级别的数据。（　　）

11. 通过包含用于估算地表土壤含水量的有源和无源微波传感器的遥感，雷达降雨和不同波长上的卫星影像之类的空间数据正变得日益有用。通常，这类数据需要某个解译模型来提供水文上可用的信息，这个解译模型也可能是这类信息中误差的来源之一。（　　）

12. 在构建模型运行和展示模拟结果方面，GIS 越来越多地用于存储流域数据并与分布式水文模型相互作用。存储在 GIS 中的信息（如土壤类型和植被类型）在用于水文模拟之前也需要一个解译模型。（　　）

13. 表现为栅格形式或矢量形式的数字高程数据可以作为模型输入和降雨径流过程分布式模拟的基础。降雨径流过程可能需要从数字高程数据中生成山坡及河道水流路径。不同的分析方法和数据分辨率会产生明显不同的水流路径。（　　）

14. 由于一些研制中的用于连接不同模型模块和数据集的软件标准，如由 OpenMI、INTAMAP 和 CUAHSI 水文信息系统提供的软件标准，云计算工具将来在访问数据、运行模型和可视化结果中的应用会越来越多。（　　）

二、填空

1. 在蓄满产流模型中，二水源通过________可划分为地表径流和地下径流；而三水源通过引进________的概念划分为________、________和________。

2. 下图为三水源新安江模型计算流程图，请把空白栏填完整。

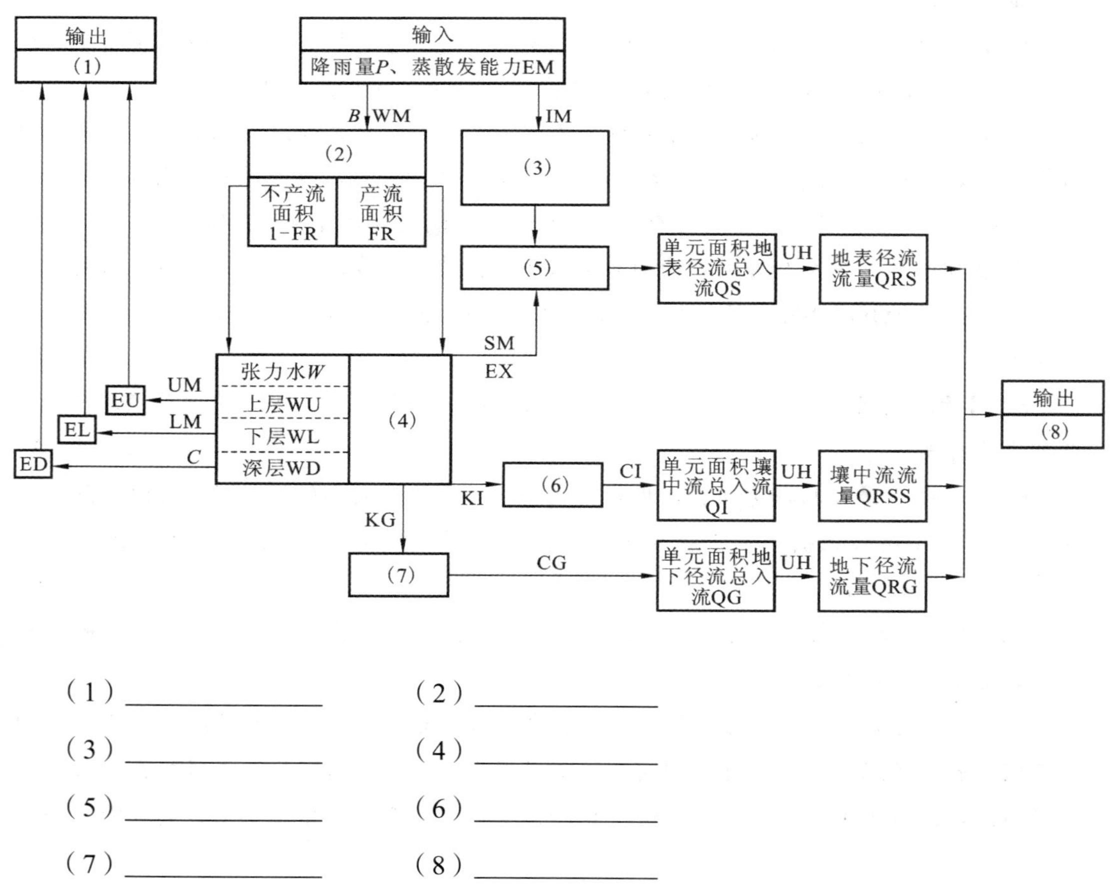

（1）________　　（2）________

（3）________　　（4）________

（5）________　　（6）________

（7）________　　（8）________

3. 下图为萨克拉门托模型计算流程图，请把空白栏填完整。

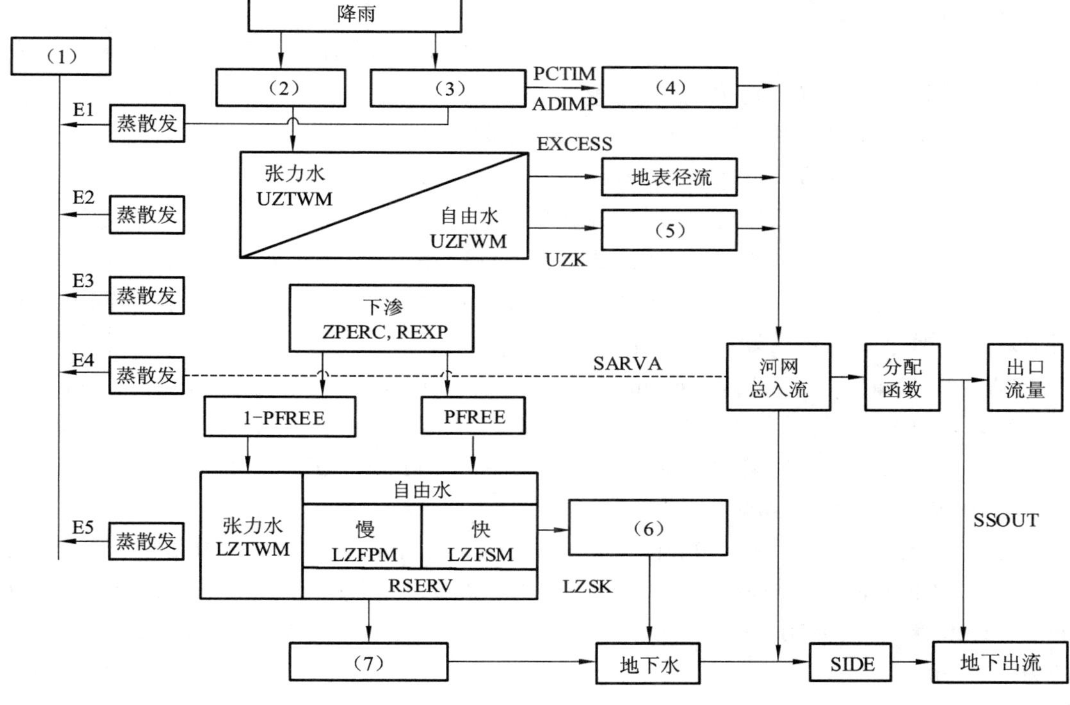

（1）________　　（2）________

（3）________　　（4）________

（5）________　　（6）________

（7）________

三、选择

1. 在蓄满产流模型中，三水源引进了____的概念来划分地表径流、壤中流和地下径流。

（A）自由水蓄水库结构　　（B）稳定下渗率

（C）面积张力水容积曲线　　（D）下渗曲线

2. 下渗率总是______。

（A）等于下渗能力　　（B）大于下渗能力

（C）小于下渗能力　　（D）小于等于下渗能力

3. 超渗产流模型中，正确的是______。

（A）地表与地下径流并存　　（B）只产生地表径流

（C）只产生地下径流　　（D）以上均不对

4. 关于下渗率，正确的是______。

（A）土壤越干燥，下渗率越大

（B）土壤越潮湿，下渗率越大

（C）随着土壤张力水蓄量的增加，下渗率会越来越小，并趋于零

（D）下渗率与土壤湿度毫无关系

5. 设 1 个单位净雨且历时 2 h 所形成的出流过程为基准过程，则按照单位线的可叠加和无干扰性假设，叙述正确的是______。

（A）2 个单位净雨且历时 2 h，出流过程增加 2 倍

（B）1 个单位净雨且历时 4 h，出流过程增加 4 倍

（C）1 个单位净雨且历时 1 h，出流过程不变

（D）1 个单位净雨且历时 1 h，出流过程减少一半

6. 设流域面积为 100 km^2，其瞬时单位线为$100e^{-t}$（单位为 m^3/s），时间间隔为 1 h，则形成该瞬时单位线流量过程的脉冲净雨量为______。

（A）1.8 mm　　（B）0.36 mm　　（C）10 mm　　（D）3.6 mm

7.设 1 h 10 mm 的时段单位线为 0、2 m^3/s、5 m^3/s、10 m^3/s、8 m^3/s、6 m^3/s、4 m^3/s、2 m^3/s、0，若降雨历时 2 h，其中 0:00～1:00 净雨量为 20 mm，1:00～2:00 净雨量为 30 mm，则在 4:00 流域出口的出流量为______。

（A）16 mm　　（B）36 mm　　（C）40 mm　　（D）46 mm

8. 设 1 h10 mm 脉冲的瞬时单位线为 e^{-t}（单位为 m^3/s），若降雨历时 2 h，其中 0:00～1:00 净雨量为 20 mm，1:00～2:00 净雨量为 30 mm，则在 4:00 流域出口的出流量为_____m^3/s。

（A）$5-2e^{-3}-3e^{-2}$　　（B）$5-2e^{-4}-3e^{-3}$

（C）$2(1-e^{-4})$　　（D）$2e^{-4}+3e^{-3}-5$

9. 设线性水库的消退系数为 0.6（该系数越大，消退越慢），时段初、末进入该线性水库的流量分别为 100 m^3/s 和 200 m^3/s，时段初流出该线性水库的流量为 100 m^3/s，则时段末流出该线性水库的流量为______m^3/s。

（A）100　　（B）150　　（C）120　　（D）60

10. 关于各种预报模型，叙述正确的是______。

（A）水箱模型能采用复杂的数学函数，因此它比物理模型的外延性更好

（B）分布式水文模型求解复杂，因此不容易考虑降雨和下垫面空间分布的不均匀性

（C）模型描述中存在很少的随机变量时，该模型也可以归类为确定性模型

（D）模型参数随时间的变化而改变的模型可归类为时变模型

11. 在三水源新安江模型中，不透水面积上______。

（A）存在土壤下渗　　（B）没有蒸发损失

（C）只产生地表径流　　（D）既有地表径流，又有地下径流

12. 在三水源新安江模型中，设上层、下层和深层土壤张力水的容量分别为 20 mm、80 mm 和 40 mm，当前实际土壤张力水蓄量分别为 WU = 10 mm、WL = 40 mm 和 WD = 20 mm，通过产流计算得到时段内土壤下渗量为 35 mm，则时段末各层张力水蓄量会变为______。

（A）WU = 20 mm，WL = 65 mm，WD = 20 mm

（B）WU = 15 mm，WL = 60 mm，WD = 30 mm

（C）WU = 10 mm，WL = 55 mm，WD = 40 mm

（D）WU = 10 mm，WL = 75 mm，WD = 20 mm

13. 在三水源新安江模型中，关于土壤张力水和自由水蓄水，正确的是______。

（A）土壤张力水概念上来自降雨，并下渗为自由水

（B）自由水概念上来自产流，通过壤中流和地下径流的方式消耗

（C）自由水也会转化为土壤张力水

（D）蒸发既消耗张力水又消耗自由水

14. 在三水源新安江模型中，正确的是______。

（A）非产流面积上有自由水蓄水存在

（B）产流面积上的净雨量都形成自由水进入自由水蓄水库

（C）产流面积上仍有部分土壤张力水未达到蓄满状态

（D）非产流面积上大部分土壤张力水已达到蓄满状态

15. 设某线性水库的日出流系数为 0.992，则 8 h 时间间隔的出流系数为____。

（A）0.8　　（B）0.6　　（C）0.008　　（D）0.2

四、基本计算

1. 在流域二层蒸发模式计算中，已知上土层和下土层的土壤含水量分别为 20 mm 和 60 mm，上土层和下土层的张力水蓄量分别为 0 和 12 mm，流域蒸散发能力为 8 mm，当降雨量为 2 mm 时，分别计算上土层和下土层的土壤蒸发量。

2. 在流域三层蒸发模式计算中，已知上土层、下土层和深土层的土壤含水量分别为 20 mm、60 mm 和 40 mm，上土层、下土层和深土层的张力水蓄量分别为 0、2 mm 和 20 mm，且蒸散发系数为 0.4，流域蒸散发能力为 8 mm，当降雨量为 2 mm 时，分别计算上土层、下土层和深土层的土壤蒸发量。

3. 已知洪水退水曲线为 $Q(t)=Q(t_0)e^{-\frac{t}{K}}$，观测的洪水退水过程中时段 $t=20$ 时的洪水流量为 150 m^3/s，而 $t=22$ 时的洪水流量为 100 m^3/s，试确定洪水退水曲线中的参数 K。

4. 某流域面积为 100 km^2，观测到一次洪水从起涨时刻到本次洪水地表径流退水结束时刻的洪水过程（时段长 $\Delta t=2h$）为 100 m^3/s、120 m^3/s、150 m^3/s、200 m^3/s、160 m^3/s、130 m^3/s，计算本次洪水的次洪径流深（提示：注意单位换算！）。

5. 已知某流域面积为 100 km^2，为了考虑其蓄水量分布的不均匀性，测得其 6 个分块包气带的面积和相应蓄水量为（5 km^2，20 mm）、（6 km^2，65 mm）、（10 km^2，50 mm）、（14 km^2，100 mm）、（58 km^2，120 mm）、（7 km^2，80 mm），试确定该流域蓄水量分布曲线上的坐标，并在下图上绘制蓄水量分布曲线。

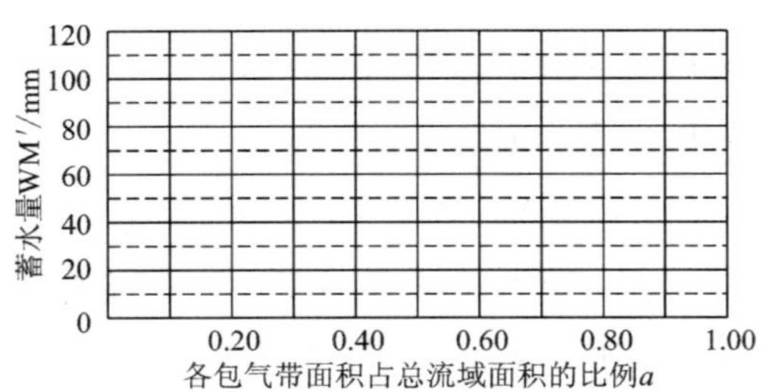

6. 已知某流域的蓄水量分布曲线为 $a = 1-\left(1-\dfrac{\mathrm{WM}'}{\mathrm{WMM}}\right)^{0.3}$，其中包气带最大蓄水量 WMM = 120 mm，当前流域土壤平均初始含水量为 50 mm，求：

（1）流域平均蓄水量。

（2）产流面积上的最大蓄水量。

（3）当前产流面积。

（4）若此时净雨量为 20 mm，求该净雨量的产流量。

7. 单位线流量演算。设已获得两个连续时间段的净雨量（0:00～2:00 为 20 mm，2:00～4:00 为 10 mm），分别采用两种单位线计算 0:00～6:00 的流量过程，设 1 h10 mm 单位线为 0、5 m^3/s、30 m^3/s、20 m^3/s、10 m^3/s、5 m^3/s、0，10 mm 脉冲的瞬时单位线为 $\exp(-t/70)$，t 的单位为 h[提示：瞬时单位线的流量演算公式为 $Q_d(t)=\int_0^t u(0,t-\tau)\cdot r_d(\tau)\mathrm{d}\tau$]。

时间	第 1h 10mm	第 2 h 10 mm	第 3 h 5 mm	第 4 h 5 mm	合计
0:00					
1:00					
2:00					
3:00					
4:00					
5:00					
6:00					

8. 单位线转换。若已知 10 mm 净雨、1 h 间隔单位线的逐时段累积曲线 $S(t)$（见下表），求 20 mm 净雨、2 h 间隔的单位线 $u(2, t)$。

时段	0	1	2	3	4	5	6	7	8	9	10
$S(t)$	0	80	260	700	1 360	1 790	2 120	2 380	2 592	2 750	2 750
$S(t-2)$											
$S(t)-S(t-2)$											
$u(2, t)$											

五、简答

1. 简述试错法推求时段单位线的思路。

2. 简述基本等流时线法和克拉克法的区别。

3. 简述三水源新安江模型中参数率定的基本思路。

第四篇

其他水文预报方法

第 17 章

枯季径流与旱情预报

17.1 枯季径流预报

17.1.1 基本概念和特点

枯季的江河水主要由于径流补给量锐减而逐渐枯竭。为解决水量减少与生产、生活及环境需水间的矛盾，需要开展枯季径流预报。

枯季径流主要来源于汛末滞留于流域内的蓄水量和枯季降水量。由于枯季径流的产生和补给方式的特点，其在预见期和预报方法上都有别于洪水预报。枯季径流预报按预见期可分为短期预报（3 天以内）、中期预报（4～10 天）、长期预报（10 天以上），其预报方法可采用水文气象方法、水文学方法等。

17.1.2 枯季径流预报方法

枯季短期径流预报一般采用退水趋势分析和枯季降雨径流估算进行，其方法和过程与短期洪水预报相同。枯季中长期的径流预报可分为水文气象方法和水文学方法。

1. 水文气象方法

根据枯季径流的变化规律，选择与径流变化有较好相关性的水文气象因子，与预报对象建立一定的数学关系，从而预报未来径流。目前，用于枯季径流预报的中长期水文气象方法主要有天气学方法、数理统计方法两类。

（1）天气学方法。根据大气环流的历史演变规律，充分应用大气环流资料寻找前期环流与水文要素之间的关系，由前期环流形势预报未来水文要素。该法适用于地表径流受人类活动影响较小的区域，如黄河上游的唐乃亥以上区域，曾利用北太平洋海温、北半球 50000 Pa 高度、北半球 10000 Pa 高度、大气海洋特征物理量等气象要素，以相关分析和回归分析为工具，统计分析这些气象要素与唐乃亥站月径流量之间的关系，并建立预报模型，取得了较好的效果。

（2）数理统计方法。依据大量历史资料，运用数理统计方法分析水文要素自身的统计规律或因子间的统计关系，应用这些规律或关系提出预报方法。主要方法有：①多元分析方法；②时间序列分析方法，如线性自回归模型、自回归滑动平均模型和非线性门限自回归模型等。

2. 水文学方法

在枯季，流域蓄水的消退和枯季降雨补给径流的增加引起径流的变化。流域蓄水的消退包括地表径流消退和地下径流消退，可用水文学方法来编制预报方案，较常用的有枯季退水曲线法、前后期径流相关法、水文模型法。

1）枯季退水曲线法

枯季一般降雨稀少，控制断面的流量过程一般呈较稳定的退水规律，可用退水公式表示为

$$Q_t = Q_0 \cdot e^{-t/K} \tag{17.1.1}$$

式中：Q_t为退水期任意时刻t的出流量；Q_0为退水开始时的出流量；K为土壤含水量消退率。

2）前后期径流相关法

枯季的河川径流量多由地下水补给；对枯季地下径流量补给较稳定的流域，可建立汛末流量与枯季径流量间的关系。

3）水文模型法

充分考虑枯季径流的特点后，改进洪水预报中常用的降雨径流模型，也可进行枯季径流预报。

17.2 旱情预报

17.2.1 基本概念和特点

干旱是由水分的收支或供求不平衡形成的水分短缺现象，其直接影响经济和社会发展，给工农业生产和人民生活造成极大困难。按不同分析角度，自然因素引起的干旱分为气象干旱、农业干旱和水文干旱，由自然和社会因素共同形成的干旱称为社会经济干旱。气象干旱多指一些地区，由于天气异常，在某一时期出现降水比多年平均值偏少，该地区的经济活动（尤其是农业生产）和人类生活受到危害，即形成旱灾的现象。农业干旱指农作物由于气温和降水等气象原因不能获得足够水分，造成其生长发育不良甚至死亡，农业减产或农产品质量下降的一种灾害现象。在某一给定的水资源管理系统下，河川径流满足不了供水需要（即一段时期内流量持续低于某一特定的阈值），则认为发生了水文干旱（Linsley，1975）。社会经济干旱是指由于经济、社会的发展，需水量日益增加，以水分影响生产、消费活动等来描述的干旱，其指标常与一些经济商品的供需联系在一起，如建立降水、径流和粮食生产、发电、航运、旅游效益及生命财产等的关系。根据干旱发生时间又分为春旱（3～5 月）、夏旱（6～8 月）、秋旱（9～11 月）和连季旱，其中 7 月下旬～8 月末的干旱称为伏旱。

根据某区域农田土壤墒情、降水量、蒸发量、地表及地下水可用水量、城乡需水量等影响因素，经过分析计算来预测、预报该区域未来某一时段干旱的发生和发展趋势、影响范围、受旱程度，可以称为旱情预报。其主要内容包括土壤墒情预报，土壤墒情即农作物根系分布层土壤水的分布状态。常见的预报方法有经验公式法、土层水量平衡法、土壤水动力学法、消退系数法及随机方法。

17.2.2 旱情影响因素及旱情指标

1. 旱情影响因素

一般认为，降水量为旱情发展变化的影响因素。在我国北方，蒸散发及地下水补给对土壤水分的消长具有决定性作用；在我国南方，由于河网密度大、地下水较丰富，影响旱情的主要因素是降水量和蒸散发能力。

2. 旱情指标

合理确定旱情指标是研究和分析旱情发生、发展规律的重要前提。从不同的着眼点出发形成了各种旱情指标，至今尚未有统一的判别标准。目前，主要采用土壤含水量、降水量、水量平衡、缺水率、湿润度对旱情指标进行判别。

1）土壤含水量指标

一般，稳定凋萎含水量如下：沙土小于1%，沙壤土为1%～3%，壤土为3%～10%，黏土为10%～15%。

《旱情等级标准》（SL 424—2008）（中华人民共和国水利部，2008）中采用0～40 cm深度土壤的相对湿度作为旱情评估指标。土壤相对湿度应按式（17.2.1）计算：

$$W=\frac{\theta}{F_c}\cdot 100\% \tag{17.2.1}$$

式中：W为土壤相对湿度，%；θ为土壤平均重量含水率，%；F_c为土壤田间持水率，%。

根据土质、植物状况、上层土壤的水分平衡，并考虑田间持水量的缺额和土壤的凋萎湿度，建立田间旱情指标的表达式：

$$D_1=\frac{\Delta U_{s,1}}{U_{s,1}-U_{s,2}} \tag{17.2.2}$$

$$\Delta U_s=P-R-\text{ET}$$

式中：D_1为以土壤含水量为基础的旱情指标；$U_{s,1}$为1 m土层的田间持水量，mm；$U_{s,2}$为1 m土层的稳定凋萎含水量，mm；$\Delta U_{s,1}$为土壤含水量与田间持水量的差额，mm；ΔU_s为1 m土层含水量的变化值，mm；P为降水量，mm；R为渗透量，mm；ET为蒸发量，mm。

计算ΔU_s后，通过综合比较确定$\Delta U_{s,1}$，即：当$U_{s,0}+\Delta U_s \geqslant U_{s,1}$时，$\Delta U_{s,1}=0$；当$U_{s,0}+\Delta U_s<U_{s,1}$时，$\Delta U_{s,1}=U_{s,1}-(U_{s,0}+\Delta U_s)$，其中，$U_{s,0}$为初始土壤含水量。

分析式（17.2.2）可知，当$\Delta U_{s,1}=0$时，$D_1=0$，作物得到充分供水。当$\Delta U_{s,1}=U_{s,1}-U_{s,2}$时，$D_1=1$，此时土壤的有效水全部损失，作物将得不到供水而枯萎。按此指标表达的旱情，分为轻、重两级，即

$$D_1=\begin{cases}0.5\sim 0.79, & \text{轻旱}\\ 0.8\sim 1.0, & \text{重旱}\end{cases} \tag{17.2.3}$$

2）降水量指标

降水量的多少与旱涝有直接关系，作物生长期的降水量对农作物产量影响明显。可按自然地理条件、农时季节和耕作方式一致性的原则划分区域，确定旱情级别所对应的降水量，并作为旱情指标。

将某时段降水量模比系数或降水量占同期多年平均降水量的百分率作为旱情指标：

$$D_2 = \frac{P_i}{\overline{P}} \cdot 100\% \tag{17.2.4}$$

式中：D_2 为以降水量为基础的旱情指标，%；P_i 为某时期的降水量，mm；$\overline{P}$ 为同期多年平均降水量，mm。

《旱情等级标准》（SL 424—2008）中将降水量距平百分率作为衡量某一时段（季或年）旱情的指标：

$$D_p = \frac{P_i - \overline{P}}{\overline{P}} \cdot 100\% \tag{17.2.5}$$

式中：D_p 为降水量距平百分率，%。

3）水量平衡（综合）指标

旱涝现象是供需不平衡的结果，降水量、土壤含水量及作物需水量是作物受旱的三个主要因素，按水量平衡原理提出如下旱涝指标：

$$D_3 = \frac{P - R_C + \dfrac{U_{s,0}}{U_S} + V_g}{W_0 + \dfrac{U_{S,m}}{U_S}} \tag{17.2.6}$$

式中：D_3 为作物生长时段的旱涝指标；R_C 为无效降水量，指径流量与深层渗透量，mm；$U_{s,0}$ 为初始土壤含水量，在此处具体为该生长时段开始时根系分布层的土壤平均含水量，mm；U_S 为根系分布层内 1 mm 降水量所增加的土壤含水量，mm/mm；V_g 为该生长时段内地下水补给量，mm；W_0 为该生长时段内作物正常生长所需的耗水量，即作物蒸腾与土壤蒸发量，mm；$U_{S,m}$ 为该生长时段内作物需求的适宜土壤含水量，mm。

比较式（17.2.6）的分子项、分母项（即实际供给作物生长的总水量、保证正常生长所需的总水量，其中 $P - R_C$ 是降水后被土壤吸收且能被作物利用的有效水量）可知，当 D_3 趋近于 1 时，表示能保证作物正常生长，否则表示作物受旱或受涝。

4）缺水率指标

南方地区按供水和需水差值的相对值反映作物缺水率，可用缺水率判断受旱程度：

$$D_4 = \frac{P_M - W_M}{W_M} = \frac{P_M}{W_M} - 1 \tag{17.2.7}$$

式中：D_4 为以缺水率为基础的旱情指标；P_M 为相应的月（或旬）降水量，mm；W_M 为水稻生长期月（或旬）需水量，mm。式（17.2.7）可用于判别旬、月的旱情。D_4 可分区、分时期拟定。

5）湿润度指标

一个地区某时期的降水量与相应时期的可能最大蒸发能力的比值，在一定程度上可以反映该地区的干旱程度。

$$\begin{cases} K_p = \dfrac{P}{E_p} \\ E_p = 0.0018(T+25)^2(100-e) \end{cases} \tag{17.2.8}$$

式中：K_p 为湿润度；P 为降水量，mm；E_p 为可能的最大蒸发量，mm；T 为气温；e 为相对湿度。

17.2.3 旱情预报方法

作者在对预见期内的降水量、蒸散发量进行预报的基础上，分析研究土壤含水量能否满足作物正常生长的需要、可用水量（地表水、地下水）能否满足本地区工农业正常生产和城乡正常生活的需要，由此开展旱情预报。几种常用的含水量预报方法如下。

1. 单站旱情预报方法

当墒情站的资料满足要求时，可对其实测资料进行整理分析，找出主要因素及其变化规律，编制单站旱情预报方案。由于降水、灌溉等因素，土壤含水量增加；由于蒸发、作物散发等因素，土壤含水量减少，因此旱情预报包括增墒预报和退墒预报两方面。

1）增墒预报

（1）土壤含水量方程。

不考虑水分的侧向扩散时，按水量平衡原理，土壤含水量满足：

$$\Delta U_s = F - f - E + V_g \tag{17.2.9}$$

$$F = P - I_s - R_h \tag{17.2.10}$$

$$\Delta U_s = P - I_s - R_h - f - E + V_g \tag{17.2.11}$$

式中：ΔU_s 为 1 m 土层含水量的变化值，mm；F 为总下渗量，mm；f 为通过土层底部的深层下渗量，mm；E 为计算 ΔU_s 期间的陆面蒸发量，mm；I_s 为植物截留量，mm；R_h 为径流深，mm；V_g 为地下水补给量，mm。

（2）增墒预报方案。

在特定条件下，ΔU_s 主要由降水量与蒸发量决定，而蒸发量又与初始土壤含水量 $U_{s,0}$ 有关，故可直接建立与 P、$U_{s,0}$、ΔU_s 三参数相关的增墒预报方案。主要步骤为：根据实测土壤含水量、降水量、蒸发量、地下水埋深等资料，点绘 P-$U_{s,0}$-ΔU_s 三参数相关图；该 P-$U_{s,0}$-ΔU_s 三参数相关图是以降水量（mm）、不同深度土壤含水量（0.1 m、0.2 m、0.4 m、0.6 m 或垂线平均）、地下水埋深（m）、蒸发量（mm）为纵坐标，以时间为横坐标的墒情变化过程线图。在过程线图上选择次降水量大于 15 mm、降水后增墒明显的时段，分别取其降水量 P、初始土壤含水量 $U_{s,0}$ 和 1 m 土层含水量的变化值 ΔU_s，在方格纸上绘制以初始土壤含水量 $U_{s,0}$ 为参数的 P-$U_{s,0}$-ΔU_s 三参数相关图，并编制增墒预报方案。

已知 P-$U_{s,0}$-ΔU_s 三参数相关图，采用查图法或经验公式便可求出该站所代表区域的降水后某日的土壤含水量，即旱情作业预报。

（3）土壤增墒特性。

利用 P-$U_{s,0}$-ΔU_s 三参数相关图增墒预报方案可对土壤增墒特性进行分析。

2）退墒预报

在土壤退墒过程中，依据土壤含水量的变化过程，可得出以下三方面。

（1）土壤含水量消退率 K 的计算。受土壤蒸发、作物散发的影响，在无水分补给时，土壤含水量随时间的推移而消退，消退率（或消退系数）K 与土壤含水量本身的大小呈线性关系，其方程可为指数函数形式。

（2）退墒预报方案。土壤退墒的主要影响因素为初始土壤含水量、作物生长期需水量、蒸散发量、含水量分布梯度和地下水位等。作物生长期需水量与蒸散发量可将月份作为参数来间接反映，在地下水位较低的地区，最主要的参数为初始土壤含水量和月份。

针对实测土壤含水量资料，以月份 M 为参数的初始土壤含水量与消退率的三参数相关图（$U_{s,0}$-M-K 三参数相关图）或以月份 M 为参数的旬初始土壤含水量 $U_{s,0}$ 与旬末土壤含水量 $U_{s,t}$ 的三参数相关图（$U_{s,0}$-M-$U_{s,t}$ 三参数相关图）都可以作为退墒预报方案。有些地区除考虑将前期影响雨量 P_a 作为间接指标外，还会考虑土壤含水量垂直分布梯度 $\mathrm{d}U_s$。

（3）土壤退墒特性。利用 $U_{s,0}$-M-K 三参数相关图可对土壤退墒特性进行分析。

2. 区域旱情预报方法

俗话说“受旱一大片，受涝一条线”，即连续降水偏少又无法灌溉，就可能发生较大范围的旱情，甚至旱灾。区域旱情预报，即预报某地区降水前后土壤含水量的变化及受旱面积，其重点是无降水时土壤含水量的消退变化。几种常用的区域旱情预报方法包括：①消退系数综合法；②地区综合法；③土壤含水量等值线图法。

17.2.4　水文干旱预报

水文干旱是从干旱对河川径流、水库的影响来考虑，指的是天然降雨、河川径流或地下水平衡所造成的水分短缺现象，它反映出了径流量低于正常值且水库湖泊枯竭，它从水循环与水量平衡的原理出发，强调以供水为目的的降雨、径流和湖泊、水库等地表蓄水体中的水量在时间和空间上的短缺。

1. 来水量及供需水量平衡分析预报方法

来水量及供需水量平衡分析预报是合理配置水资源的基础和科学依据。

（1）来水量预报。在枯季，降水稀少，河川径流主要由流域蓄水补给，控制断面的流量过程呈较稳定的消退规律，因此常用枯季径流的退水规律开展预报。常用方法有退水曲线法、前后期径流量相关法、河网蓄水量法等。

（2）供需水量平衡分析预报。发生严重旱情后的抗旱工作，首先需要收集当地降水量、河川来水量、地表蓄水量（包括水库、湖泊、河道等的蓄水量）、地下水可开采量等供水（源）情况，以及灌溉、发电、航运、工农业生产和城乡供水等需用水情况，随后开展旱情及供需水量平衡分析预报。

2. 地下水监测预报方法

1）地下水监测

考虑地下水的流动性、可变性和可恢复性等特点，需对区内主要含水层地下水的动态（包括水位、水量、水质和水温）进行长期监测，依据地下水的形成和变化规律开展水质、水量和水位的评价与预测工作，为旱情预报提供理论依据。

2）地下水预报

地下水预报可分为水位预报、水量预报和水质预报等，按预见期可分为短期预报（1 个月以内）、中长期预报（1 个月到 1 年）和长期预报（1 年以上），其基本方法是利用过去的资料推测未来的变化。

地下水动态预报的主要方法包括：基于统计原理的数据处理组合方法；灰色理论-频谱分析-自回归拟合组合预测方法；改进的 BP 神经网络模型及 RBF 神经网络模型，依据地下水动态的时间序列建立了相应的地下水动态预报模型，通过实例验证对模型进行了评价和比较。

17.2.5 旱情预报应注意的问题

旱情预报应注意如下问题：①地区综合预报的代表性；②提高预报精度；③应根据不同作物、不同生长期的适宜土壤含水量来评估旱情及其应对措施；④旱情的成因及其演变的基本理论。

第18章

水库水文预报

水库水文预报为专门预报内容，一般按照水库时期分为施工期预报和运行期预报，在此仅对运行期预报进行介绍，其主要内容包括入库流量计算和水库调洪演算两大部分。

水库对入库流量的调蓄作用远大于江河，它是水库预报的中心课题，其预报任务是在已知入库流量的前提下，依据不同控泄方式下预见期内的泄流量，推算库水位的变化过程，或者在设定的库水位预控目标下，推算应选择的下泄流量过程。

18.1 入库流量计算

1. 由上游来水推算入库流量

水库的入库流量由入库站来水量、入库站至坝址区间的降水径流量、库面直接降水所转化的径流量三部分组成：

$$I = q_{入库站} + q_{区间} + q_{库面} \tag{18.1.1}$$

式中：I 为入库流量；$q_{入库站}$ 为入库站来水量；$q_{区间}$ 为入库站至坝址区间的降水径流量；$q_{库面}$ 为库面直接降水所转化的径流量。

对于一个或多个上游入库站的来水量，如果有实测水文资料，便可按其他方法进行计算和预报。如果水库设有入库控制站，则应收集建库前坝址附近的水文资料来制作来水量预报方案；如果缺乏这种资料，则只能依据建库后的水库运行资料（坝上水位、水库下泄流量）反推入库流量过程，再配合上游流域雨量站的资料来制作预报方案。

建库后形成了有一定面积的水面，如水库水面面积较大，降雨量形成的径流不能忽略，则需计算库水面的来水量。可以选择水库周边的若干雨量站，求出平均雨量再乘以水库水面面积，即可获得水库时段降雨的入流量。对于水库区间来水流量的计算，应根据其面积大小和雨量、流量监测站点的多少等来决定采用何种方法。

2. 由出库流量反推入库流量

水库入库洪水过程可以采用水量平衡方程，依据水库水位和出库流量过程进行反推计算：

$$\frac{I_1 + I_2}{2} - \frac{q_1 + q_2}{2} = \frac{V_2 - V_1}{\Delta t} + \Delta E \tag{18.1.2}$$

式中：I_1、I_2 分别为时段初、末的入库流量；q_1、q_2 分别为时段初、末的出库流量；V_1、V_2 分别为时段初、末的水库蓄量；Δt 为计算时段长，s；ΔE 为时段内损失量，m^3/s，它包括蒸发、渗漏等损失量，其值如果较小，可忽略不计。

式（18.1.2）也可以写为

$$\overline{I} = \overline{q} \pm \frac{\Delta V}{\Delta t} + \Delta E \tag{18.1.3}$$

式中：$\overline{I}$ 为时段平均入库流量，m^3/s；$\overline{q}$ 为时段平均出库流量，m^3/s；ΔV 为时段始末库容差，m^3。

根据式（18.1.3），并利用水位-库容关系曲线 $V = f(H)$ 和水位-出库流量关系曲线 $q = f(H)$，就可以进行入库流量的还原计算，其计算步骤可参见表 18.1.1 所列实例，从左至右，逐列进行计算。

表 18.1.1　某水库 1974 年 8 月中旬洪水入库流量过程反推计算

观测时间	库水位 H/m	相应库容 V/（万 m³）	时段始末库容差 ΔV /（万 m³）	时段历时 Δt /（万 s）	$\pm\frac{\Delta V}{\Delta t}$ /（m³/s）	出库流量 q /（m³/s）	时段平均出库流量 $\overline{q}$ /（m³/s）	时段平均入库流量 $\overline{I}$ /（m³/s）
13 日 12：00	69.73	2 055				3.47		
			80	0.36	222		3.49	225.49
13 日 13：00	86.00	2 135				3.50		
			79	0.36	219		3.51	222.51
13 日 14：00	99.00	2 214				3.51		
			101	0.36	281		3.44	284.44
13 日 15：00	70.14	2 315				3.37		
			82	0.36	228		109.69	337.69
13 日 16：00	26.00	2 397				216		
			65	0.36	181		229.00	410.00
13 日 17：00	36.00	2 462				242		
			100	0.36	278		256.50	534.50
13 日 18：00	45.00	2 562				271		
			⋮	⋮	⋮		⋮	⋮
⋮	⋮	⋮				⋮		

18.2　静库容水库调洪演算

水库短期预报中依据水量平衡原理的方程为

$$\overline{I}\Delta t - \overline{q}\Delta t = \Delta V \tag{18.2.1}$$

式中：$\overline{I}$ 为时段平均入库流量；$\overline{q}$ 为时段平均出库流量；ΔV 为时段始末库容差；Δt 为计算时段长。

如果水库的蓄量与出流关系单一，并假定入库流量与出库流量在计算时段内呈线性变化，则式（18.2.1）可写为

$$\frac{V_2}{\Delta t} + \frac{q_2}{2} = \frac{V_1}{\Delta t} + \frac{q_1}{2} + \overline{I} - q_1 \tag{18.2.2}$$

式中：V_1、V_2 分别为时段初、末的水库蓄量；q_1、q_2 分别为时段初、末的出库流量。

根据水位-出库流量曲线$q=f(H)$、水位-库容关系曲线$V=f(H)$就可以进行静库容水库调洪演算。

18.3 动库容水库调洪演算

目前最常用的方法是建立以库区流量为参数的动库容曲线进行演算。

1. 基本原理

水库动库容楔形水体水量的大小，主要取决于库区内流量的大小。当库区流量较大时，库水面坡度会较陡，对应的动库容水量必然加大，反之亦然。因此，如果有了对应每一个库区流量的动库容曲线，依照水量平衡原理，通过蓄泄关系的转换，就可以实现动库容条件下的调洪演算。

以库区流量为参数的动库容曲线的形式为$V_D=f(H,q')$。其中，H为坝上水位，代表水库静库容的大小，可以用静库容曲线$V=f(H)$计算，q'为库区流量，其形成的楔形水体为附加动库容V_{attach}，两者之和$V_D=V+V_{\text{attach}}$为总库容，故当$q'=0$时，动库容与静库容为同一关系线。

动库容曲线的制作一般采用水库水面线法，即设定若干级节点的坝上水位和若干级来水流量，采用水力学方法分别计算在设定的坝上水位H和库区流量q'下水库形成的回水水面线，将全水库划分为若干个河段，再分河段计算出分段总水量与分段静库容之差ΔV_i，并将全水库全部分段进行加和得到$V_{\text{attach}}=\sum_{i=1}^{n}\Delta V_i$，这时求得的一组$V_D=V+V_{\text{attach}}$与$H$、$q'$就构成了动库容曲线上的一个离散节点。同理，对全部节点计算出对应的V_D后，可获得动库容曲线。

在进行动库容水库调洪演算作业时，由于其来水不再是稳定流流量，在库尾至大坝的较长库区内，各处的流量均不相等，故库区流量q'就需要采用其他方法求出。最简单的方法是计算库区内各个断面流量的加权平均值。例如，三峡水库在水位为135 m时，库区内有清溪场站、万县站、奉节站、巴东站及茅坪站5个流量测站，库区流量q'可用它们的加权平均值来计算，其权重可以采用每一测站实际控制的河道长度与总长度的比值。三峡水库蓄水至 145～175 m 时，流量测站变为寸滩站、清溪场站、万县站、茅坪站，计算权重相应变化。而对于大多数水库来说，一般只有上游入库流量和出库流量两个流量值，故其库区流量用入库流量I和出库流量q来计算：

$$q'=xI+(1-x)q \tag{18.3.1}$$

式中：x为权重系数。

由于公式形式与马斯京根法示储流量的形式相同，故有些文献将q'称为示储流量，

x 的取值在 0～1 内，一般通过试算来确定，但是与马斯京根法的示储流量概念不同。

2. 动库容水库调洪演算的步骤

考虑动库容水库水量平衡的方程式可改写为

$$\frac{V_{D2}}{\Delta t}+\frac{q_2}{2}=\frac{V_{D1}}{\Delta t}+\frac{q_1}{2}+\overline{I}-q_1 \tag{18.3.2}$$

式中：V_{D1}、V_{D2} 分别为节点 1、节点 2 的动库容。

依据动库容曲线，水库控制蓄泄的演算步骤如下。

（1）依据已知的 I_1、q_1、H_1（H_1 为时段初坝上水位），计算库区流量 $q'=q_1+x(I_1-q_1)$。如果 q' 由多站求得，公式需相应修改。

（2）依据 q'、H_1 从水库动库容曲线 $V_D=f(H,q')$ 查算出 V_{D1}。

（3）依据水库调度计划得到 q_2，可求出水库时段平均出库流量 $\overline{q}=\frac{1}{2}(q_1+q_2)$。

（4）按水量平衡计算 V_{D2}：

$$V_{D2}=V_{D1}+(\overline{I}-\overline{q})\Delta t \tag{18.3.3}$$

（5）依据 I_2、q_2 计算出时段末库区流量：

$$q_2'=q_2+x(I_2-q_2) \tag{18.3.4}$$

（6）依据动库容曲线 $H=f(V_D,q')$，利用 V_{D2}、q_2' 求出时段末坝上水位 H_2，完成一个时段的动库容演算。

（7）返回（1），逐时段向后计算，完成全部计算。

如果采用以蓄定泄调洪，则需要先制作蓄率中线工作曲线 $H=f\left(\frac{V_D}{\Delta t}+\frac{q}{2},q'\right)$，计算、处理方法可参照静库容水库调洪演算，不赘述。

本算法在处理动库容曲线时较为麻烦，在演算过程中，需要经常变换动库容曲线，容易造成水量不平衡，使用时应特别注意，每计算一步，最好进行一次水量平衡校正。

习　题

一、填空

1. 枯水径流的变化相当稳定，是因为它主要来源于___________。

2. 干旱地区降雨量少，年蒸发系数较大，其径流系数较湿润地区__________。

3. 枯季径流的主要来源包括：________、________和________。

二、选择

1. 在旱情分析中，正确的是_______。

（A）水量平衡指标越大，对作物生长越好

（B）水量平衡指标越小，对作物生长越好

（C）水量平衡指标对作物生长没有影响

（D）水量平衡指标适中，对作物生长好

2. 水库建成后，会变大的水文要素是_______。

（A）库区径流系数　　（B）库区水面比降

（C）库区粗糙系数　　（D）洪水传播时间

三、简答

1. 什么是实时洪水预报?它有什么特点?

2. 如何对实时洪水预报的误差进行修正?

3. 何为干旱?干旱预报的主要途径有哪些?

4. 如何对水库出库流量及水库水位进行预报?

5. 水库水文预报工作的意义是什么?

参 考 文 献

包为民, 2006. 水文预报[M]. 第三版. 北京: 中国水利水电出版社.

曹韵霞, 张恭肃, 韦明杰, 1993. 用美国暴雨水管理模型计算北京城区防洪排水[J]. 水文, 6: 19-24.

长江水利委员会, 1979. 水文预报方法[M]. 第二版. 北京: 水利电力出版社.

葛守西, 1999. 现代洪水预报技术[M]. 北京: 中国水利水电出版社.

郭靖, 郭生练, 张俊, 等, 2006. SCE-UA 法在水文模型参数优选中的应用比较[C]// 中国自然资源学会, 中国水利学会, 中国地理学会. 中国水论坛学术研讨会论文集. 郑州: [s.n.]: 409-413.

黄金良, 杜鹏飞, 何万谦, 等, 2007. 城市降雨径流模型的参数局部灵敏度分析[J]. 中国环境科学, 27(4): 549-553.

贾仰文, 王浩, 倪广恒, 等, 2005. 分布式流域水文模型原理与实践[M]. 北京: 中国水利水电出版社.

金鑫, 郝振纯, 张金良, 2006. 水文模型研究进展及发展方向[J]. 水土保持研究, 13(4): 197-199, 202.

柯克比 M J, 1989. 山坡水文学[M]. 刘新仁, 王炳程, 译. 哈尔滨: 哈尔滨工业大学出版社.

李怀恩, 李家科, 等, 2013. 流域非点源污染负荷定量化方法研究与应用[M]. 北京: 科学出版社.

李向阳, 2005. 水文模型参数优选及不确定性分析方法研究[D]. 大连: 大连理工大学.

李致家, 孔凡哲, 王栋, 等, 2010. 现代水文模拟与预报技术[M]. 南京: 河海大学出版社.

刘昌明, 郑红星, 王中根, 等, 2006. 流域水循环分布式模拟[M]. 郑州: 黄河水利出版社.

刘金涛, 冯杰, 张佳宝, 2007. 分布式水文模型在流域水资源开发利用中的应用研究进展[J]. 中国农村水利水电, 2: 142-144.

刘俊, 徐向阳, 2001. 城市雨洪模型在天津市区排水分析计算中的应用[J]. 海河水利, 1: 9-11.

刘迈, 2000. 城市暴雨雨水管理系统的初探[J]. 南京市政, 2: 1-13.

刘青娥, 夏军, 2002. TOPMODEL 模型 DEM 尺网格度研究: 以潮河为例[C]// 中国地理学会, 北京师范大学, 中国科学院地理科学与资源研究所, 等. 中国地理学会 2002 年学术年会论文摘要集. 北京: 中国地理学会: 234-238.

刘元波, 邱国玉, 张宏昇, 等, 2022. 陆域蒸散的测算理论方法: 回顾与展望[J]. 中国科学: 地球科学, 52(3): 381-399.

马亚丽, 万育安, 2020. 岷江上游流域融雪量时空特征分析[J]. 水利规划与设计, 6: 68-73.

邱林, 徐建新, 陈南祥, 等, 2003. 区域水资源可持续利用管理理论与应用[M]. 郑州: 黄河水利出版社.

任源鑫, 周旗, 苏谢卫, 等, 2018. HBV 水文模型在洋县酋水河流域洪水致灾临界面雨量中的应用[J]. 江西农业学报, 30(12): 88-92.

芮孝芳, 1999. 流域水文模型精度验证及进一步发展模型的建议: 全国水文预报技术竞赛水文预报技术组小结[J]. 水文(S1): 20-28.

芮孝芳, 黄国如, 2004. 分布式水文模型的现状与未来[J]. 水利水电科技进展, 24(2): 55-58.

芮孝芳, 朱庆平, 2002. 分布式流域水文模型研究中的几个问题[J]. 水利水电科技进展, 22(3): 56-58, 70.

水利部水文局, 长江水利委员会水文局, 2010. 水文情报预报技术手册[M]. 北京: 中国水利水电出版社.
宋星原, 叶守泽, 1994. 现代水文科学不确定性研究及进展[M]. 成都: 成都科技大学出版社.
谭炳卿, 1996. 水文模型参数自动优选方法的比较分析[J]. 水文, 5: 8-14.
王光谦, 刘家宏, 2006. 数字流域模型[M]. 北京: 科学出版社.
王浩, 严登华, 杨大文, 等, 2012. 水文学方法研究[M]. 北京: 科学出版社.
王建群, 卢志华, 哈布哈琪, 2001. 求解约束非线性优化问题的群体复合形进化算法[J]. 河海大学学报(自然科学版), 29(3): 46-50.
王旭东, 蒋云钟, 赵红莉, 等, 2004. 分布式水文模拟模型在流域水资源管理中的应用[J]. 南水北调与水利科技, 2(1): 4-7.
王中根, 刘昌明, 吴险峰, 2003. 基于 DEM 的分布式水文模型研究综述[J]. 自然资源学报, 18(2): 168-173.
吴险峰, 刘昌明, 2002. 流域水文模型研究的若干进展[J]. 地理科学进展, 21(4): 341-348.
夏军, 2002. 华北地区水循环与水资源安全: 问题与挑战[J]. 地理科学进展, 21(6): 517-526.
谢莹莹, 2007. 城市排水管网系统模拟方法和应用[D]. 上海: 同济大学.
熊立华, 郭生练, 2004. 分布式流域水文模型[M]. 北京: 中国水利水电出版社.
徐宗学, 2010. 水文模型: 回顾与展望[J]. 北京师范大学学报(自然科学版), 46(3): 278-289.
徐宗学, 等, 2009. 水文模型[M]. 北京: 科学出版社.
许崇育, 夏军, 2011. 大尺度水文模型的发展现状以及与气候模型耦合的可能性、挑战和展望[C]// 中国自然资源学会, 新疆自然资源学会. 发挥资源科技优势保障西部创新发展: 中国自然资源学会 2011 年学术年会论文集(下册).[S.l.]: [s.n.]: 749-750.
余钟波, 2008. 流域分布式水文学原理及应用[M]. 北京: 科学出版社.
袁作新, 1990. 流域水文模型[M]. 北京: 水利电力出版社.
张洪刚, 郭生练, 刘攀, 等, 2002. 概念性水文模型多目标参数自动优选方法研究[J]. 水文, 22(1): 12-16.
张建云, 王国庆, 等, 2014. 河川径流变化及归因定量识别[M]. 北京: 科学出版社.
张漫莉, 2014. 改进的 HBV 模型与新安江模型在武江流域洪水预报中的应用比较[J]. 人民珠江, 35(1): 34-37.
张文华, 郭生练, 2008. 流域降雨径流理论与方法[M]. 武汉: 湖北科学技术出版社.
赵人俊, 1979. 马斯京根法: 河道洪水演算的线性有限差解[J]. 华东水利学院学报, 1: 44-56.
赵彦增, 张建新, 章树安, 等, 2007. HBV 模型在淮河官寨流域的应用研究[J]. 水文, 27(2): 57-59, 6.
赵有皓, 王祥玲, 张君伦, 1999. 天文潮分析及预报实用系统[J]. 河海大学学报(自然科学版), 27(4): 73-77.
中华人民共和国国家质量监督检验检疫总局, 中国国家标准化管理委员会, 2008. 水文情报预报规范: GB/T 22482—2008[S]. 北京: 中国标准出版社.
中华人民共和国水利部, 2000. 水文情报预报规范: SL 250—2000[S]. 北京: 中国水利水电出版社.
中华人民共和国水利部, 2008. 旱情等级标准: SL 424—2008[S]. 北京: 中国水利水电出版社.
《中国水利年鉴》编辑部, 2004. 中国水利年鉴 2004[M]. 北京: 中国水利水电出版社.
庄一鸰, 林三益, 1986. 水文预报[M]. 北京: 水利电力出版社.

BEVEN K J, 2006. 降雨一径流模拟[M]. 马骏，刘晓伟，王庆斋，等，译. 北京：中国水利水电出版社.

BENQUE J P, CUNGE J A, FEUILLET J, et al., 1982. New method for tidal current computation[J]. Journal of the waterway, 108(3): 396-417.

BEVEN K, BINLEY A, 1992. The future of distributed models: Model calibration and uncertainty prediction[J]. Hydrological processes, 6(3): 279-298.

BEVEN K, WOOD E F, 1983. Catchment geomorphology and the dynamics of runoff contributing areas[J]. Journal of hydrology, 65(1/2/3): 139-158.

BEVEN K J, CLOKE H L, 2012. Comment on "Hyperresolution global land surface modeling: Meeting a grand challenge for monitoring Earth's terrestrial water" by Eric F. Wood et al.[J]. Water resources research, 48(1): 1-3.

BEVEN K J, KIRKBY M, 1979. A physically based, variable contributing area model of basin hydrology[J]. Hydrological science bulletin, 24(1): 43-69.

DUAN Q, SOROOSHIAN S, GUPTA V, 1992. Effective and efficient global optimization for conceptual rainfall-runoff model[J]. Water resource research, 28(4): 1015-1031.

DUNNE T, BLACK R D, 1970. Partial area contributions to storm runoff in a small New England watershed[J]. Water resources research, 6(5): 1296-1311.

GROSSBERG S, 1976. Adaptive pattern classification and universal receding: II. Feedback, expectation, olfaction, illusions[J]. Biological cybernetics, 23(4): 187-202.

GUPTA V K, SOROOSHIAN S, 1985. The relationship between data and the precision of parameter estimates of hydrologic models[J]. Journal of hydrology, 81(1/2): 57-77.

HAAN C T, ALLRED B, STORM D E, et al., 1995. Statistical procedure for evaluating hydrologic water-quality models[J]. Transactions of the ASAE, 38(3): 725-733.

HOPFIELD J J, 1982. Neural networks and physical systems with emergent collective computational abilities[J]. Proceedings of the National Academy of Sciences of the United States of America, 79: 2554-2558.

HORTON R E, 1935. Surface runoff phenomena[M]. Beltsville : Edwards Brother Incorporation.

JENSEN M, 1990. Rain-runoff parameters for six small gauged urban catchments[J]. Nordic hydrology, 21(3): 165-184.

KONZ M, SEIBERT J, 2010. On the value of glacier mass balances for hydrological model calibration[J]. Journal of hydrology, 385(1/2/3/4): 238-246.

KUCZERA G, PARENT E, 1998. Monte Carlo assessment of parameter uncertainty in conceptual catchment models: The Metropolis algorithm[J]. Journal of hydrology, 211(1/2/3/4): 69-85.

LINDSTRÖM G, 1997. A simple automatic calibration routine for the HBV model[J]. Hydrology research, 28(3): 153-168.

LINSLEY R, 1975. Hydrology for engineers[M]. 2nd ed. New York : McGraw-Hill.

MADSEN H, 2000. Automatic calibration of a conceptual rainfall-runoff model using multiple objectives[J]. Journal of hydrology, 235(3/4): 276-288.

MISIRLI F, YAZICIGIL H, 1997. Optimal ground-water pollution plume containment with fixed charges[J]. Journal of water resources planning and management-asce, 123(1): 2-14.

NASH J E, BARSI B I, 1983. A hybrid model for flow forecasting on large catchments[J]. Journal of hydrology, 65(1/2/3): 125-137.

QIU G, YU X, WEN H, et al., 2020. An advanced approach for measuring the transpiration rate of individual urban trees by the 3D three-temperature model and thermal infrared remote sensing[J]. Journal of hydrology, 587(17): 1-11.

SHMUEL A, DANI O, 2014. The concept of field capacity revisited: Defining intrinsic static and dynamic criteria for soil internal drainage dynamics[J]. Water resources research, 50(6): 4787-4802.

SINGH V P, FREVERT D K, 2002. Mathematical models of large watershed hydrology[M]. Colorado: Water Resources Publications.

SUN H, CHEN J, YANG Y, et al., 2022. Assessment of long-term water stress for ecosystems across China using the maximum entropy production theory-based evapotranspiration product[J]. Journal of cleaner production, 349(15): 1-12.

SUN H, YANG J, 2013. Modified numerical approach to estimate field capacity[J]. Journal of hydrologic engineering, 18(4): 431-438.

TADA T, BEVEN K J, 2012. Hydrological model calibration using a short period of observations[J]. Hydrological processes, 26(6): 883-892.

THIEMANN M, TROSSET M, GUPTA H, et al., 2001. Bayesian recursive parameter estimation for hydrologic models[J]. Water resources research, 37(10): 2521-2535.

TODINI E, 1988. Rainfall-runoff modeling: Past, present and future[J]. Journal of hydrology, 100(1/2/3): 341-352.

UHLENBROOK S, SEIBERT J, LEIBUNDGUT C, et al., 1999. Prediction uncertainty of conceptual rainfall-runoff models caused by problems in identifying model parameters and structure[J]. Hydrological sciences journal, 44(5): 779-797.

VANDEWIELE G L, XU C, WIN N, 1992. Methodology and comparative-study of monthly water-balance models in Belgium, China and Burma[J]. Journal of hydrology, 134(1/2/3/4): 315-347.

WANG Q, 1991. The genetic algorithm and its application to calibrating conceptual rainfall-runoff models[J]. Water resources research, 27(9): 2467-2471.

WISCHMEIER W, SMITH D D, 1978. Predicting rainfall erosion losses[J]. Agriculture handbook, 537: 285-291.